U0387124

藏在经典里的气象科学

古代诗词中的
气象科学

姜永育 著

河北出版传媒集团
河北少年儿童出版社
·石家庄·

图书在版编目（CIP）数据

古代诗词中的气象科学 / 姜永育著 . — 石家庄：
河北少年儿童出版社 , 2024.6
（藏在经典里的气象科学）
ISBN 978-7-5595-6657-7

Ⅰ . ①古… Ⅱ . ①姜… Ⅲ . ①气象学 – 少儿读物
Ⅳ . ① P4-49

中国国家版本馆 CIP 数据核字（2024）第 095765 号

藏在经典里的气象科学

古代诗词中的气象科学

GUDAI SHICI ZHONG DE QIXIANG KEXUE

姜永育◎著

出 版 人：段建军　　选题策划：胡仁彩
责任编辑：翁永良　智　烁　田倩倩　张怡彤　　美术编辑：孟恬然
插图绘画：朱媛媛　思　梦　　封面绘画：上超工作室

出版发行　河北少年儿童出版社
地　　址　石家庄市桥西区普惠路 6 号　邮编　050020
经　　销　新华书店
印　　刷　河北省武强县画业有限责任公司
开　　本　787 毫米 ×1092 毫米　1/16
印　　张　8
版　　次　2024 年 6 月第 1 版
印　　次　2024 年 6 月第 1 次印刷
书　　号　ISBN 978-7-5595-6657-7
定　　价　36.00 元

目录

月落乌啼霜满天，江枫渔火对愁眠

——被误解的“霜”和“霜降”

枫桥夜泊

［唐］张继

月落乌啼霜满天，江枫渔火对愁眠。

姑苏城外寒山寺，夜半钟声到客船。

这是一首描写秋夜愁思的羁旅诗，大意是：月亮已经落下，乌鸦不停啼叫，寒气布满天空，我面对着江边枫树和船上渔火，独自一人傍愁而眠。半夜，姑苏城外的寒山寺敲响大钟，声音传到我乘坐的客船，令人更感忧愁和寂寥。

这首诗写于唐朝天宝年间，也就是唐玄宗李隆基统治时期。当时，安史之乱爆发，叛军大举进攻长安，文人墨客纷纷离开北方，逃到今天的江苏、浙江一带躲避战乱，其中便有本诗的作者张继。一个深秋的夜晚，他乘舟来到苏州，将船停泊在城外的枫桥边。夜深人静，诗人辗转反侧，难以入眠，于是写下了这首千古传诵的羁旅诗，表达了自己的家国之忧和身处乱世无归宿的浓浓愁绪，读来令人动容。

诗的首句描写了午夜时分两种密切关联的景象。“月落”，点明此时的月亮是上弦月。因为上弦月出现在傍晚至前半夜的

西边天空，升起得早，落下也快，半夜时分便消失不见；下弦月则出现在后半夜和黎明，落下时天已经亮了。“乌啼”，是诗人所听到的，月亮落下之后，天空变得黑暗起来，树上栖息的乌鸦或许感受到月落前后光线明暗的变化，被惊醒后发出了啼鸣——月落夜深，乌鸦啼叫，诗人耳闻目睹了两种景象，寥寥四字，便刻画出江南水乡秋夜的凄美景象。紧接着，诗人笔锋一转，写出了一种不可思议的现象：霜满天。对此，有人认为，张继写得不合常理，因为霜在地面，而不在天空，所以“霜满天”一说值得商榷。

那么，张继为何要写霜满天？他写的到底是不是霜呢？

霜是地面上的冰晶

《地面气象观测》中明确指出，**霜是一种天气现象，它是贴近地层的空气受地面辐射冷却影响，温度降到霜点（0℃以下），在地面或物体上凝结而成的白色冰晶**。一般来说，秋季第一次出现的霜称作“早霜”或“初霜”，春季最后一次出现的霜称为“晚霜”或“终霜”，从终霜到初霜的这段时间则为无霜期。

从以上定义不难看出：第一，霜是空气直接凝华形成的物质；第二，霜是一种白色冰晶，肉眼可以看见；第三，霜出现在地面，或树枝、草根、屋顶等物体上。东汉思想家王充在《论衡》一书中写道：“云雾，雨之征也，夏则为露，冬则为

◆霜

霜，温则为雨，寒则为雪，雨露冻凝者，皆由地发，非从天降也。”他认为，无论是露还是霜，“皆由地发，非从天降”。唐朝大诗人李白曾写过“床前明月光，疑是地上霜”，近代学者王国维也有“满地霜华浓似雪”等诗句，都明确道出了霜在地面的事实。

可见，张继写的“霜满天”并不符合气象科学原理。

“霜降”是降霜吗？

现实生活中，我们经常会听到“霜降”这个词语，人们也经常说下霜。从字面意思来理解，霜似乎是从天上降下来的，因此有人认为霜像雪一样从天而降。

气象专家告诉我们，气象学中并没有霜降的概念，事实上，霜降是一个节气的名称：它是二十四节气中的第18个节气，即秋季的最后一个节气。因为霜是天冷、昼夜温差变化大的表现，所以古人用“霜降”来命名秋末气温骤降、昼夜温差大的节气。

进入霜降节气后，影响我国的冷空气活动越来越频繁，昼夜温差迅速增大，在江南、华南等南方地区，气温起伏更加明显，呈现出一派深秋景象，而在西北、东北等北方地区，早已寒风呼啸、雪花飘飘，呈现出一派寒风飞雪的初冬景象。

由此可见，霜降并不是真的会降霜，而是表示气温骤降、昼夜温差大。

霜是如何形成的呢？

气象专家告诉我们，“霜”并不是从天上降下来的，而是水汽在温度很低时在地面及地面物体上凝华形成的冰晶。霜的形成必须满足两个条件：第一，空气中含有较多的水汽；第二，地表温度骤降到0℃以下。霜通常出现在秋季至春季期间，往往在晴朗有微风的夜晚形成，这是因为夜间晴朗，天空中云层较少或没有云层，地面或地上物体能迅速辐射冷却。另外，微风可保证在较厚的气层条件下辐射冷却能充分进行，而且通过风的流动，贴地空气得到充分交换，使足够多的水汽供应凝结。除了辐射冷却外，冷空气过境或洼地上聚集冷空气时，也很可能会形成霜，这种霜通常称为平流霜或洼地霜，所以，在洼地和山谷中，产生霜的概率较大，而在水边平地和森林地带，产生霜的概率较小。

根据上面的分析，我们不难得出结论：第一，张继描写的“霜满天”这种现象并不存在，因为霜出现在地面，不可能像雪花一样从天而降；第二，他当时泊舟的地方正好是江边平地，产生霜的概率较小。因此可以说，这天晚上，枫桥边很可能没有出现霜，张继可能就没有看见霜。

“霜满天”是一种感觉

诗人大概率没有看见霜，也知道霜不可能从天而降，那么他为什么要写“霜满天”呢？

原因很简单，因为“霜满天”并不是他眼睛看见的景象，而是一种感受。此时的苏州已经进入了霜降节气，昼夜温差很大，随着夜晚到来，气温下降明显，在江边船上露宿的张继衣被单薄，在阵阵寒气侵袭下，他注定难以入眠。我们如果设身处地想象一下诗人当时所处的环境，就不难体会他当时的感受：深夜侵肌砭骨的寒意，从四面八方涌向夜泊的小舟，再加上家国之忧和身处乱世无归宿的浓浓愁绪，他感到格外寒冷，而正因为寒冷，诗人觉得从天上到地面都布满了霜。

纵观全诗，“霜满天”的描写虽然不符合实际的自然景观，却完全切合张继的感受。而这一感受和“月落乌啼”联系起来，层次分明地体现出一个先后承接的时间过程和感觉过程：月落是所见，乌啼是所闻，霜满天是所感，三者联系起来，很好地表现了水上秋夜的幽寂清冷氛围，以及羁旅者孤孑清寥的心境。

霜降前做好“三防”

一防秋燥。秋季应多吃水分充足的食物，比如汤、粥、牛奶、豆浆等，还可以多吃萝卜、莲藕、梨、蜂蜜、柿子等润肺生津、养阴润燥的食物。

二防秋郁。秋季应注意调节自己的情绪，保持积极乐观的心态，避免肝火旺盛。

三防秋寒。要注意添加衣服，特别要注意脚部和胃部保暖。同时，每天适当锻炼，比如散步、快走等，增强身体机能。

窗含西岭千秋雪，门泊东吴万里船

——从杜甫诗句谈气象能见度

绝　句

［唐］杜甫

两个黄鹂鸣翠柳，一行白鹭上青天。

窗含西岭千秋雪，门泊东吴万里船。

这首诗的大意是：翠绿的杨柳间，两只黄鹂在婉转啼叫，蔚蓝的天空上，一行白鹭排着整齐的队伍飞翔。我坐在窗前，抬头望见西岭终年不化的积雪，推开门扉，则见门前的河面上停泊着万里之外远行而来的东吴船只。

这首诗的作者杜甫是唐代伟大的现实主义诗人，世人尊其为“诗圣”。杜甫一生命运多舛，过得非常艰苦。天宝十四年（公元 755 年），安史之乱爆发，杜甫便一直处于颠沛流离的生活中。乾元二年（公元 759 年），为躲避战乱，他带着一家老小由同谷（今甘肃成县）入川，几经辗转，最后到达了成都。在朋友的帮助下，杜家在成都西边的浣花溪畔修建了一座茅屋，暂时定居下来，这就是今天的“杜甫草堂”。

在成都的日子，可以说是杜甫一生中难得的快乐、安稳的时光，也是他诗歌创作的鼎盛时期，短短几年，他便写下了大

量脍炙人口的诗篇。这首《绝句》便是杜甫在成都浣花溪时所作的。当时安史之乱已经结束，杜甫心情舒畅，一天上午，他坐在自家茅屋内，面对一派生机勃勃的景象，情不自禁写下了这首即景小诗。

全诗以写景为主，一句一景，给我们描绘了四幅独立的图景，读来令人身临其境。不过，对于诗人描绘的“窗含西岭千秋雪”，有人却提出了质疑：西岭距成都很远，杜甫坐在家中能看到雪山吗？而到过杜甫草堂的大部分游客也有同感：无论身处草堂内，还是站在杜家的院子里，都不可能看到“西岭千秋雪”。

难道，这一句诗是杜甫写错了？还是老先生的一种错觉？

西岭距成都多远？

诗中的“西岭”，即今天成都市大邑县境内的西岭雪山，它雄踞于四川盆地边缘，最高峰大雪塘海拔5300多米，有“成都第一峰”之称。清光绪年间的《大邑县志》记载：“雪山俗名大雪塘，在县境西北中山后，冬季积雪如银……”

从这段记载可以看出，杜甫《绝句》一诗中所写的西岭，其实是西岭的最高峰大雪塘，这里的冬季常雪花飘飞，积雪如银。因为海拔很高，山顶一带积雪终年不化，即使是盛夏八月，这里依然白雪皑皑，银光闪耀，所以杜甫在诗中称其“千

◆西岭雪山

秋雪”。

西岭雪山与成都的距离为 110 千米，如果算上山顶大雪塘的高度，这个距离可能还会更远一些。相隔如此遥远，杜甫从成都浣花溪的自家窗户看出去，真的能看到西岭山顶的“千秋雪”吗？

能见度的定义

要回答这个问题，就必须了解一个气象学名词——能见度。

能见度是气象要素观测中的基本项目之一，指视力正常的人在当时天气条件下，能从天空背景中看到和辨认出目标物（颜色、大小适度）轮廓的最远水平距离，夜间则是能看到和确定出一定强度灯光的发光点的最远水平距离。能见度以米为单位，比如你在某个天气条件下，最远能看清1000米之外的山峰，那么能见度就是1000米。

能见度的高低，主要由两个因素决定：一是目标物与衬托它的背景之间的亮度差异。差异越大，能见度越高；反之，差异越小，能见度越低。比如我们观察一张白纸，如果以黑板为背景，亮度差异很大，隔得很远都能看清；但如果把它贴在一面白色的墙上，由于两者之间的亮度差异很小，能看清白纸的距离也就很近了。二是大气透明度。大气透明度指电磁辐射透过大气的程度，通俗地说，就是空气的干净程度。空气越干净，大气透明度越好，能见度越高；反之，空气越浑浊、大气透明度越差，能见度越低。

因为自然界目标物与背景之间的差异通常不大，所以能见度的变化主要取决于大气透明度。一般情况下，雾、烟、霾、沙尘、雪、雨等现象都可使空气浑浊、透明度变差，所以，出现这些现象时能见度通常比较低。

杜甫能看到雪山吗？

一千多年前，杜甫在成都浣花溪家中能看到西岭雪山吗？

让我们从诗句中分析当时的天气及大气透明度情况。首句“两个黄鹂鸣翠柳”中的“翠柳”，点明了诗人写作的时间是春季。相比其他季节，成都春季气象条件较好，风和日丽的天气比较多。次句“一行白鹭上青天”，这里“青天”的意思是

“蓝色的天空”，说明当时天气晴好，天空没有一丝云彩，而最后一句“门泊东吴万里船”，更进一步阐明了当时的晴好天气。为什么这样说呢？因为浣花溪是一条小河，平时河水径流量小，一般情况下船只通行困难，只有下雨之后，河水上涨，从“东吴”来的船只才能溯流而上，沿着浣花溪划行到杜甫家门前。由此可以得出结论：头天晚上成都必定下了一场大雨，雨后空气清新，乌云散尽，太阳升起之后，碧空如洗，鹭鸟飞上天空。气象专家认为，在大气透明度特别好、能见度非常高的情况下，成都市区肯定能看到西岭雪山。

由此可以得出结论，杜甫并没有撒谎，也没有写错，“窗含西岭千秋雪”完全是一种真实的场景再现。

外地游客为何看不到雪山？

那么，外地游客到杜甫草堂游览，为何看不到西岭雪山呢？

原来，这与成都的地理和气候有很大关系。成都位于四川盆地西部，地势平坦，气候有两个显著特点：一是云雾多，日照时间短，因为太阳经常被云雾遮住，所以民间有“蜀犬吠日”的谚语；二是空气潮湿，因为空气中的水汽充沛，所以成都夏季闷热，冬季阴冷——这样的气候对大气透明度影响很大，所以能见度通常较低，外地游客来到成都，一般情况下很难看到“西岭千秋雪”的景象。

不过，如果运气特别好，到成都时恰好遇到杜甫诗中描述的天气，那么外地游客也可以一睹西岭雪山的风采。如 2020 年 8 月的一天下午，成都下了一场暴雨，之后天空放晴，能见度特别高，市区的人们惊喜地发现，西岭雪山清晰地呈现在眼前，和杜甫描绘的别无二致——当然，这种“窗含西岭千秋雪”的景象屈指可数，就连成都本地人也极难看到。

能见度低时一定要当心

能见度对我们的生活有很大影响，比如能见度很低时，高速公路需要封闭，飞机也要暂停起飞，轮船也需停航。在这种情况下，我们出行要格外小心，无论骑车还是步行，都不能过快。此外，能见度很低时，空气浑浊，很可能出现雾霾或者沙尘等现象，此时最好戴上口罩，注意保护呼吸道。

清明时节雨纷纷，路上行人欲断魂

——清明时节为什么总下雨

清　明

［唐］杜牧

清明时节雨纷纷，路上行人欲断魂。

借问酒家何处有？牧童遥指杏花村。

这是一首写清明节的诗，大意是：清明时节，天空中下起了纷纷扬扬的细雨，路上行人行色匆匆，个个神情凄迷，烦闷不乐。“我”想先找个地方喝酒歇一会儿，于是向行人打听哪里有酒家，路边一个牧童伸手指了指远处杏花掩映的村庄。

这首诗的作者杜牧人称“小杜”（以别于杜甫），是唐代杰出的诗人和散文家。杜牧出身官宦世家，他的爷爷做过宰相，而他本人在26岁时考中进士，之后，他担任过校书郎、刺史等官职。诗中的杏花村位于今天安徽省池州市贵池区秀山门外，据《江南通志》记载，杜牧担任池州刺史时，曾到杏花村踏青游玩，这首《清明》便是他赴杏花村路上的即兴之作。

首句“清明时节雨纷纷”，开篇即点明了诗人踏青的时间是清明。池州所在的江南一带，清明时正是花红柳绿、春光明媚的好时节，然而，这一天的

天气并不好，诗人走到半途，天空中下起了细雨，淅淅沥沥、纷纷扬扬、连绵不休，把路上行人的心情浇得十分低落。而诗人也觉得这雨十分扫兴，此时的他很想喝壶酒，于是到处向人打听卖酒的地方。纵观全诗，杜牧的运气可真是有点儿背：好不容易盼到清明节，本想出去踏青，好好游玩一番，没想到半路上天下起了雨，被弄得失魂落魄，到处寻酒喝。

清明时节雨纷纷

不过，清明时节遇到下雨天的倒霉诗人，并不止杜牧一个。

宋代诗人范成大也曾在清明踏青时遇到了下雨，他在《清明日狸渡道中》一诗中写道："洒洒沾巾雨，披披侧帽风。"意思是雨水沾满纶巾，头发散乱，帽子也被风吹斜了。从这两句诗可以看出，范老先生在清明节不但遭遇了下雨，而且赶上了刮风，更要命的是，老先生居然没有带雨具，所以纶巾被淋湿了，帽子被吹斜了，头发也散乱了，整个一副狼狈相，可以说比杜牧还惨。

宋代词人张炎写过一首《朝中措 · 清明时节》，其中有两句"清明时节雨声哗，潮拥渡头沙"，意思是清明时节，雨声响成一片，江水上涨淹没了渡口的沙滩。张炎这里所写的清明雨比较大：雨声“哗哗”，并且江水上涨淹没沙滩，说明当时雨的量级至少是中雨，遇到这种糟糕天气，张炎的心情也就可想而知了。

元代词人乔吉，清明时住在客栈遇到了下雨，他在《折桂令·客窗清明》一词中写道：“风风雨雨梨花，窄索帘栊，巧小窗纱。甚情绪灯前，客怀枕畔，心事天涯。”大意是说窗外风吹雨打，梨花将近凋零，这样的景致勾起了乔吉的诸多愁绪，使他心中涌起了一种孤独漂泊的伤感。

此外，写过清明雨的诗人和词人还有不少，比如唐代韦庄的“蚤是伤春梦雨天”，明代屈大均的“落花有泪因风雨”，明代高启的“风雨梨花寒食过”等等。这些雨无一例外都发生在清明时节，令人忧愁，使人伤感。看到这里，你可能会问：清明时节为什么总是下雨呢？

清明节是什么节气？

咱们先来了解一下清明节的由来。

清明节又称踏青节、行清节、三月节、祭祖节等，源自上古时代的祖先信仰与春祭礼俗，它既是二十四节气之一，也是中华民族的传统节日。这一时节，人们扫墓祭祀、缅怀祖先，同时亲近自然，踏青游玩，尽情享受春天的美好。对于喜欢吟诗作词的文人墨客来说，肯定不会放过这种放松休闲、寻找灵感的好机会，所以，杜牧、范成大、张炎等人都曾在清明节去过野外。

不过，清明时节虽然花红柳绿、草木萌动，到处呈现出生机勃勃的景象，但也是天气多变、晴雨不定的时段。我国地域广阔，北方和南方的清明天气截然不同：北方地区降水少，干燥多风，经常出现沙尘天气；南方空气湿润，降水频频，特别是长江中下游地区，雨量显著增多，江南大部分地区 4 月平均降水量超过 100 毫米。

清明时节，江南一带常会出现疾风骤雨，对于清明节当天下的雨，人们还起了一个有趣的名字——泼火雨。这是因为清明节前两天是寒食节，旧俗寒食节禁火，所以清明节当天下的雨就叫泼火雨。诗人杜牧、范成大等人遇上的正是泼火雨。

清明时节为何老下雨？

那么，清明时节我国南方一带为何老是下雨呢？

气象专家告诉我们，这有三个原因：一是冷暖气流交汇。清明节大都在公历 4 月 5 日前后，此时正是冬去春来之际，冷空气势力逐渐减弱，而海洋上的暖湿气流开始活跃北上，这一冷一暖两股气流经常交汇，它们水火不容，一见面便大打出手，因此容易出现阴雨天气。二是受低气压影响。低气压一般会带来降雨天气，春季我国南方低气压非常多，在它们的控制下，大气环流变化剧烈，易形成阴雨天气，雨水自然比较多。

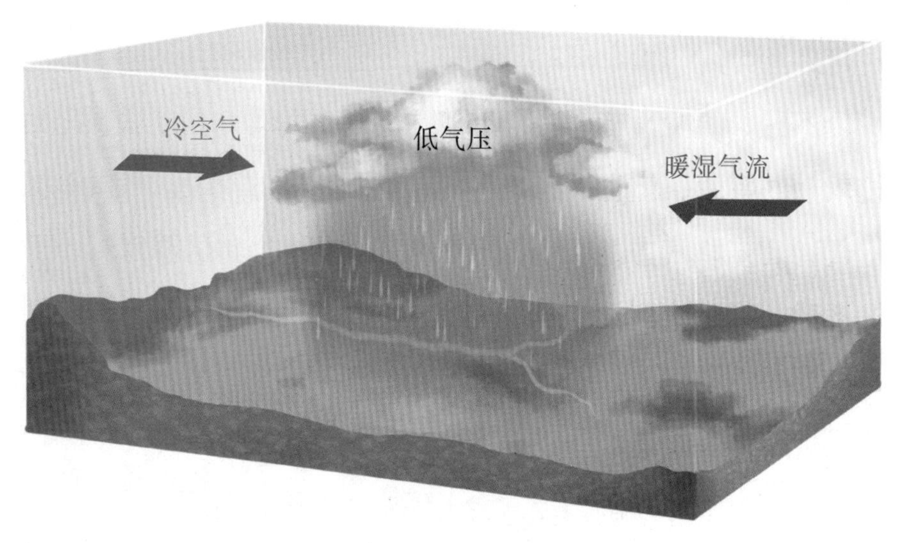

◆清明雨成因示意图

三是暖湿气流十分充沛。春季的低气压就像一条条传送带，在它们的影响下，海洋上的暖湿气流被源源不断输送到内陆，大气层里的水汽增多，特别是清明节前后，大气层里的水汽十分充沛，一到晚上就容易凝结成毛毛雨。

气象专家也指出，“清明时节雨纷纷”并不是说清明节这天就一定会下雨，只不过清明前后的降水概率更大一些。这种“清明雨”虽然令人心情烦闷、情绪低落，但对农业来说却是“雨贵如油”，因为此时正是小麦、豌豆等农作物生长的关键时期，雨水的到来，使农作物受到滋润，一年的收成也就有了希望，所以有“清明下雨好，小苗长得饱”“雨洒清明节，麦子豌豆满地结”“清明前后一场雨，好似秀才中了举”等谚语。

清明外出踏青应注意什么？

第一，防雨。清明时节天气复杂多变，下雨的概率较大，所以出门最好带上雨具。第二，保暖。清明时节冷暖空气交汇，晴雨不定，而户外的气温（尤其是山区一带）较低，所以应带上足够的保暖衣物。第三，调节情绪。清明是扫墓祭祀的时节，在缅怀逝去的亲人时，难免伤感，如果再加上天气阴沉、雨水纷纷，情绪会更加低落，此时要学会调节情绪，适当运动等。

千里黄云白日曛，北风吹雁雪纷纷

——大雁为何冬天不南飞

别董大（其一）

［唐］高适

千里黄云白日曛，北风吹雁雪纷纷。

莫愁前路无知己，天下谁人不识君？

这是一首送别诗，大意是：连绵千里的黄云遮蔽了天空，太阳看上去黯淡无光。天空阴沉，北风呼啸，吹走了大雁，吹来了纷纷扬扬的雪花。朋友呀，你千万不要担心前路茫茫没有知己，普天之下，谁会不认识你呢？

这首诗写于唐玄宗天宝六年（公元 747 年），相传董大系唐朝有名的音乐家董庭兰，因其在兄弟中排行第一，故称“董大”。这年春天，吏部尚书房琯被贬出朝廷，董庭兰作为房琯的门客，也被迫离开了京城长安。冬天，诗人高适在睢阳遇到了董庭兰。此时高适也郁郁不得志，四处漂泊，常处于贫困交加的境遇中。两人惺惺相惜，畅所欲言，然而短暂的欢聚之后，却不得不各奔前程，临别之际，高适依依不舍，挥毫写下了这首《别董大》。

诗歌开头，寥寥几笔，便描绘出一幅冬日送别时的画面。“千里”一词，形容视野十分开阔，因为冬天植物叶子凋零殆尽，残枝朽干不足以遮目，所以视野极广，能看到很远的地方。“黄云”系乌云，因阳光照射下呈暗黄色，所以叫黄云。“千里黄云白日曛”，为我们描绘出下雪前的天空景象，画面感极强。“北风吹雁雪纷纷”，展现的是一幅北国雪天风景图：北风呼啸，飞雪漫天，伴随着纷纷扬扬的雪花，一只失群的大雁孤独地从空中飞过。这句描写画面感十足，令人身临其境，暗示了董大目前穷困潦倒、前路迷茫的尴尬处境。接下来两句“莫愁前路无知己，天下谁人不识君”，则是对董大的劝慰：不要担心，前路定有知己，理解你、懂你——以此赠别，以鼓舞人心，激励心志。

这首送别诗写得慷慨激昂，读之令人动容。不过，细心的读者可能会对“北风吹雁雪纷纷”产生疑问：大雁是一种候鸟，它们在秋天便会飞往温暖的南方过冬，而诗中所写的明明是冬日下雪的场景，大雁此时依然滞留在北方，这符合自然规律吗？

南来北往的大雁

让我们先来了解一下大雁的习性。大雁又称野鹅，是雁亚科各种类的通称，中国常见的种类有鸿雁、灰雁、豆雁、白额雁等。大雁是一种季节性候鸟，在迁徙时总是数十只、数百只，甚至上千只汇集在一起，由有经验的头雁带领，列队而飞，古人称之为“雁阵”。

大雁为什么要列队飞行呢？原来，这是由上升气流因素决定的，动物学家研究发现，飞在最前面的头雁扇动翅膀在空中飞过时，翅膀尖上会产生一股微弱的上升气流，这股气流可以为它身后的大雁提供上升动力，而后面大雁扇动翅膀产生的上升气流，又会惠及其后的大雁……这样一只接着一只，依次利

◆大雁飞行示意图

用上升气流，大雁的飞行就会大大节省体力。不过，头雁因为没有上升气流可以利用，容易疲劳，所以在长途迁徙过程中，雁群需要经常更换头雁。头雁一换，整个队形随之发生改变，所以我们看到的雁阵有时呈“一”字形，有时呈“人”字形。

大雁的每一次迁徙，都会历尽千辛万苦，时间长达 1~2 个月，但它们春天北去，秋天南往，从不失约：大雁一般会在每年春分后飞回北方生活，并在那里生儿育女，待到秋天来临，天气转凉，它们又会携已经长大的宝宝一起飞往南方越冬。

秋分是什么节气？

据动物学家观察，大雁迁徙飞往南方越冬是在每年秋分之后。

秋分，二十四节气之一，是秋季的第四个节气，时间大概是每年公历的 9 月 22—24 日中的一天。秋分的“分”有两层意思：一是平分昼夜。秋分这天太阳几乎直射地球赤道，全球各地昼夜等长，也就是说白天、黑夜都是 12 小时。二是平分秋季。按农历来讲，“立秋”是秋季的开始，“霜降”是秋季的结束，而“秋分”正好介于两者之间，所以“秋分”这个名字可以说是恰如其分。

从秋分这一天起，太阳不再“宠爱”北半球，它直射的位置逐渐向赤道以南方向移动，从而导致北半球出现昼短夜长的现象。同时，由于受到的太阳辐射越来越少，地面散失的热量越来越多，北半球气温下降的速度明显加快。据气象观测资料统计，秋分时节，我国长江流域及其以北的广大地区，日平均气温都降到了22℃以下。秋分之后，极地或寒带的冷气团不停南下，气温下降日益明显，农谚“一场秋雨一场寒”“白露秋分夜，一夜冷一夜”等，形象地指出了秋分后气温下降快的特点。

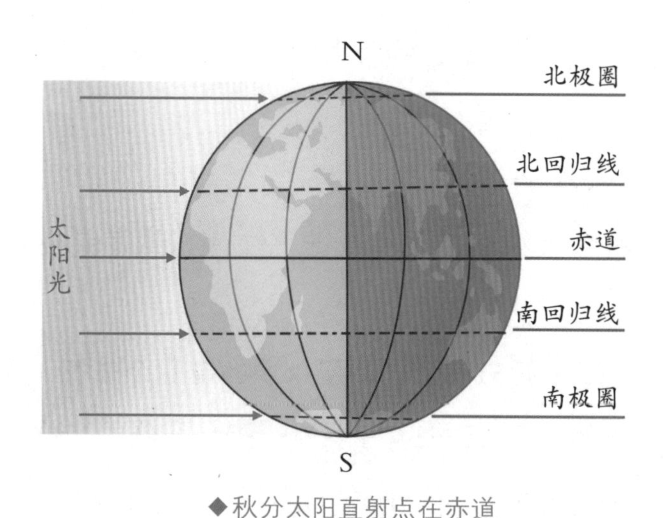

◆秋分太阳直射点在赤道

由于天气越来越冷，大雁在秋分之后，便开始携家带口、成群结队飞往南方越冬。比如灰雁9月末便开始飞往南方，大批迁徙则在10月初至10月末进行，少数“拖沓者”会延迟至11月初。不管怎样，这些大鸟都会赶在冬季严寒天气到来前离开北方，飞往温暖的南方过冬。

北风吹雁雪纷纷

那么，高适诗中所写的“北风吹雁雪纷纷”到底是怎么回事？风雪中的大雁到底是诗人凭空臆想，还是它根本就没有飞去南方过冬呢？

首先，让我们来看看高适送别董大的地点——睢阳。睢阳，即今天的河南商丘一带。商丘位于河南省东部，豫、鲁、苏、皖四省交界处，从地理位置来看，这里属于中国的中部，并不算真正意义上的北方。而从气候来看，商丘属于暖温带亚湿润季风气候，这里光照充足，气候温和，年平均气温在14℃左右，平均日照时间高达2200小时——也就是说，商丘的冬季并不算太冷，这里冬天经常会有白天鹅、青头潜鸭、琵琶鹭等珍禽出现。

其次，大雁越冬的地点并不仅限于广东、福建、广西等纬度较低的南方。比如大雁中的一种——鸿雁，它们春季飞往黑龙江、吉林和内蒙古一带“生儿育女”，度过整个夏天后，9月下旬至10月末，便开始大量迁往越冬地。鸿雁越冬的地域十分广阔，既包括长江中下游地区和山东、福建、广东等沿海省份，也偶见于台湾，甚至，少数鸿雁还会在辽宁和河北越冬——综合来说就是：勤快的、不禁冻的鸿雁飞得远，而懒惰的、禁冻的飞不远。

综合以上分析，高适所写的“雁”应该是鸿雁，而睢阳正是它们的越冬地，相对广东、福建等温暖的南方地区来说，睢阳有时也会下雪，雪花一下，北风一吹，便出现了“北风吹雁雪纷纷”的场景。

秋分时节注意防秋燥

秋分过后，天气干燥，阵阵秋风袭来，气温逐渐下降，寒凉渐重，所以容易感冒。预防感冒，就得坚持锻炼身体，增强体质，提高免疫力。秋季要适度锻炼，注意适当增减衣物。饮食方面，应多喝水，食用清热的食物，如芝麻、核桃、糯米、蜂蜜、梨等，可以起到滋阴润肺、养阴生津的作用。

忽如一夜春风来，千树万树梨花开

——一场突如其来的寒潮天气

白雪歌送武判官归京

［唐］岑参

北风卷地白草折，胡天八月即飞雪。

忽如一夜春风来，千树万树梨花开。

散入珠帘湿罗幕，狐裘不暖锦衾薄。

将军角弓不得控，都护铁衣冷难着。

瀚海阑干百丈冰，愁云惨淡万里凝。

中军置酒饮归客，胡琴琵琶与羌笛。

纷纷暮雪下辕门，风掣红旗冻不翻。

轮台东门送君去，去时雪满天山路。

山回路转不见君，雪上空留马行处。

这是一首咏雪送别的诗，大意是：北风席卷大地，白草也被吹折，八月的塞北，天上飘起了纷纷扬扬的雪花。树枝上落满积雪，这情景好似一夜春风吹来、千树万树梨花盛开。雪花穿过珠帘，打湿了帐幕，穿着狐裘却感觉不到暖和，裹着锦被也觉得太薄。天气真冷啊，将军双手冻得拉不开弓，他们的铁甲冰冷得穿不到身上。沙漠里结着厚厚的冰，万里长空凝聚着昏暗无光的愁云。主帅命人在帐中摆酒为归客饯行，现场弹奏起了乐曲。傍晚，辕门前的大雪落个不停，红旗被冻得梆硬，风都难以吹动。酒宴结束后，我在轮台东门外为你送行，只见大雪漫天，积雪覆盖了天山的道路。山路迂回曲折，很快便看不见你的踪影，雪地上只留下一串串马蹄印。

这首诗的作者岑参，是唐代著名的边塞诗人，他曾两次从军驻扎边塞，写下了大量反映军旅生活、边塞风光及异域风俗的诗歌。《白雪歌送武判官归京》是岑参边塞诗的代表作品，写于第二次出塞时期。当时，岑参在安西节度使手下任职，一名姓武的判官即将赴京，岑参为他送行，目睹大雪纷飞、天寒地冻的情景，有感而发，于是写下了这首千古传诵的送别诗。

全诗为我们描绘了一派冰天雪地、寒彻入骨的塞外风光，一方面烘托了送别时的惆怅和愁绪，另一方面表现了边关将士极寒难熬的艰苦生活。不过，纵观全诗就会发现：这场大雪和严寒来得有些蹊跷，而这种天气也绝非“胡天八月”的常态！

突如其来的寒潮天气

诗歌开头两句“北风卷地白草折，胡天八月即飞雪”，一开篇便写出了北风呼啸、漫天飞雪的场景，其中“胡天八月”点明了送别的地点和时间：“胡”指西域，即今天的新疆一带；“八月”为农历月份，一般在公历 9 月前后，此时中国中东部地区正是秋高气爽的季节，而在新疆地区，虽然纬度较高，加上地理环境差，气候比中东部地区要恶劣一些，但也不至于出现北风呼啸、漫天飞雪的天气现象。所以，从气象学的角度分析，“胡天八月即飞雪”应是一种反常天气。

紧接着，“忽如一夜春风来，千树万树梨花开”，这里的“忽如”二字用得很妙，不仅写出了“胡天”的变幻无常，也进一步说明了这种恶劣天气来得很突然：昨天的天气还好好的，但北风一刮，大雪纷飞，整个大地便被白雪笼罩了起来，一夜之间，天气便发生了翻天覆地的变化。由此，我们不难得出结论：“胡地”一定遭遇了强烈的冷空气入侵，用现在的气象术语来说，这是一场突如其来的寒潮天气。

什么是寒潮天气？

寒潮，人们习惯称为寒流，指来自高纬度地区的寒冷空气，它们在特定的天气形势下迅速增强并向中低纬度地区侵入，造成沿途地区大范围剧烈降温，出现大风和雨雪天气。这种冷空气南侵达到一定标准就称为寒潮。

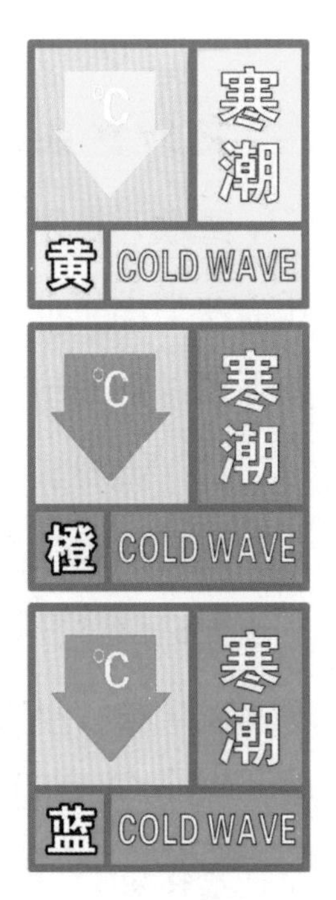

◆寒潮预警信号

寒潮大多出现在冬季，有时秋末和初春时节也会发生。我国幅员辽阔，南方和北方气候差异大，所以采用的寒潮标准也不一样：北方采用的寒潮标准是24小时内降温10℃以上，或48小时内降温12℃以上，同时最低气温低于4℃；南方采用的寒潮标准是24小时内降温8℃以上，或48小时内降温10℃以上，同时最低温度低于5℃。

从以上定义可以看出，降温是寒潮的标志性特征。寒潮来袭时，气温骤降，寒彻入骨，而这一点在《白雪歌送武判官归京》中体现得淋漓尽致："散入珠帘湿罗幕，狐裘不暖锦衾薄"，这两句用"散""湿"写雪飞雪落，因为气温剧降，严寒潜袭，所以"狐裘"和"锦衾"都不足以御寒；"将军角弓不得控，都护铁衣冷难着"，说明当时的气温已降到极致，将士连衣甲都难以穿戴，武器也无法正常使用；"纷纷暮雪下辕门，风掣红旗冻不翻"，说明大雪仍在继续，气温还在下降，把军中的红旗都冻住了——从当时下雪和降温情况来看，这应该是一场强度较大的寒潮天气。

寒潮是如何形成的？

在北半球，寒潮是极地或寒带的冷空气积攒到一定程度形成的。从地理位置上讲，中国位于亚欧大陆的东部，以北地区是蒙古国和俄罗斯的西伯利亚地区。西伯利亚地区气候寒冷，再往北，就是地球最北的地区——北极了，那里比西伯利亚地区更冷，寒冷期更长。到了冬季，太阳的直射位置越过赤道到达南半球后，北极地区接收到的太阳辐射显著减少，因此北极和西伯利亚一带更加寒冷。按照热胀冷缩的原理，温度越低，大气密度越大，空气不断收缩下沉，气压因此越来越高，冷空气便堆积形成一个势力强大、厚重宽广的冷高压气团。冷空气继续堆积，冷高压越来越强，这就像我们平时吹气球一样，当球体内的气压超过承受极限时，气球就会突然破裂。冷高压一旦“破裂”，就会像决堤的海潮一样，一泻千里，汹涌澎湃地向低纬度地区涌来，这就是寒潮的“诞生”过程。每一次寒潮爆发后，西伯利亚地区的冷空气就会减少一部分，气压也随之降低。但经过一段时间后，冷空气又重新聚集堆积起来，孕育着一次新的寒潮。

新疆地区位于我国西北部，因为纬度较高，寒潮南下最先影响到这个地区，所以常会出现“忽如一夜春风来，千树万树梨花开”的大雪降温天气。而中东部，特别是南方一带，因为纬度低，冷空气经过长途奔袭，能量在路上消耗了许多，再加上南方有暖空气“撑腰”，所以降温没有那么明显，一般也不会出现降雪天气。

寒潮来临时应注意什么？

首先，关注天气预报。当我们收到气象部门发布的寒潮预警、暴雪预警、道路结冰预警后，一定要高度重视，并做好防灾避险的各项准备。

其次，要注意防寒保暖。寒潮天气里，尽量不要外出游玩，更不要远行；要避免冻伤，预防流感和胃肠疾病；雪天出行，要注意防滑。

最后，在野外遭遇暴风雪迷路时，应迅速报警求助，并在原地等待救援，或者视情况顺山沟方向逃生；被暴风雪困住无法脱身时，一定要想办法生火，若没有生火的条件，可以挖雪洞保暖。

乍暖还寒时候，最难将息

——李清照写的是什么季节的天气

声声慢·寻寻觅觅

［宋］李清照

寻寻觅觅，冷冷清清，凄凄惨惨戚戚。乍暖还寒时候，最难将息。三杯两盏淡酒，怎敌他、晚来风急！雁过也，正伤心，却是旧时相识。

满地黄花堆积，憔悴损，如今有谁堪摘？守着窗儿，独自怎生得黑！梧桐更兼细雨，到黄昏、点点滴滴。这次第，怎一个愁字了得！

这是一首抒发愁绪的词，大意是：心里似乎丢失了什么，我苦苦寻觅，然而眼前的一切冷冷清清，使我的心情越发愁苦悲戚。在这个忽冷忽热的季节，身体最难休养调理。虽然喝了几杯淡酒，却无法抵挡晚风带来的寒气。正暗自伤心，一群南飞的大雁从天空掠过，那身影，那叫声，分明是我旧时的相识。放眼庭院，只见遍地黄花，花瓣凋落，如今谁还来采摘？独自守在窗前，一个人怎么熬到天黑呀！黄昏时分，天上又下起了绵绵细雨，点点滴滴洒落在梧桐叶上。唉，这种情景，怎一个“愁”字概括得了！

这首词的作者李清照是宋代婉约派女词人，有“千古第一才女”之称。李清照出身于书香门第，小时候阅读了大量的书，受过良好的教育。她与丈夫赵明诚志趣相投，一起致力于书画金石的搜集整理。然而，随着金兵入侵中原，北宋很快灭亡，再加上丈夫病逝，李清照一个人流落南方，境遇十分孤苦。经历人生的不幸后，李清照的写作风格大变，词风也由清新闲逸转为沉郁凄婉。《声声慢·寻寻觅觅》便是她这一时期的代表作品之一。

“乍暖还寒”引争议

这首词分为上、下两阕，都在围绕“天气”叙说愁绪。

上阕开篇“寻寻觅觅，冷冷清清，凄凄惨惨戚戚”，一连用了七组叠词，把李清照的愁绪表现得淋漓尽致。词人之所以有这样的愁绪，应该和天气有很大关系：乍暖还寒，忽冷忽热，正是这种天气使得李清照坐卧不安，难以入眠，自然而然地，她便想到了亡夫，想到了自己孤苦无依的处境，心情因此变得很差。“三杯两盏淡酒，怎敌他、晚来风急”，这一句“晚来风急”，是说傍晚起风了，本来天气不好，此时又刮起了冷风，李清照的心情更差了，所以看见高空飞过的大雁也不由伤感起来。下阕“梧桐更兼细雨，到黄昏、点点滴滴”，说明天气更差了，天空下起了细雨，雨点滴落在梧桐叶上，发出令人心碎的声音。至此，李清照的心情差到了极点，发出了“怎一个愁字了得”的感叹。

纵观全词，如泣如诉，哀婉凄苦，深沉凝重，极富艺术感染力。不过，对于词中的“乍暖还寒”，后人却产生了争议：

有人认为李清照写的是初春，也有人认为是夏末秋初时节，还有人认为是深秋季节。

李清照写的是春季吗？

从节气意义上讲，我国春季始于立春（2 月 3—5 日中的一天），终于立夏（5 月 5 日前后）。春季天气有两个特征：第一，昼夜温差较大，白天和夜晚的气温相差至少在 5℃，若遇天气变化，温差甚至可以超过 10℃；第二，春季冷空气活动频繁，天气变化快，可以说阴晴不定、风雨无常。我们可能有过这样的感受：白天阳光和煦，春意融融，让人有种“暖风熏得游人醉”的感觉，但晚上一旦刮风下雨，气温很快下降，寒气袭人，让人一下感到春寒料峭。

春季这种忽冷忽热、变幻莫测的天气特征，确实很像李清照《声声慢 · 寻寻觅觅》中所写的“乍暖还寒”。不过，结合全词分析，“满地黄花堆积”，这里的黄花系菊花，众所周知，菊花一般在秋季开放，所以说，李清照写的并不是初春天气。

会是夏末秋初时节吗？

那么，“乍暖还寒”会不会写的是夏末秋初时节呢？

从季节上来讲，夏末秋初是一个时间段。夏季的最后一个节气是“大暑”，时间在每年公历 7 月 22—24 日中的一天，顾名思义，大暑是一年中天气最热的时节，大暑之后，便是秋季的第一个节气“立秋”，一般在公历 8 月 7 日或 8 日。所以，夏末秋初的时间大致是 7 月底至 8 月初。气象专家告诉我们，这段时间的天气依然十分炎热，因为“立秋”并不代表酷热天气结束，按照“三伏”的推算方法，“立秋”这天往往还处在中伏期间，谚语“三伏夹一秋，秋后加一伏”“秋后一伏热死人”，都说明立秋后至少还有“一伏”的酷热天气。这种状况一直要持续到秋季的第二个节气“处暑”来临，酷热难熬的天气才会接近尾声，这时天气开始由炎热向凉爽过渡，不过，真正有凉意，一般要到“白露”节气之后。

综上所述，夏末秋初的天气并不符合李清照写的“乍暖还寒”。

会是深秋“寒露”时节吗？

那么，李清照词中的“乍暖还寒”写的会是深秋吗？

通常情况下，深秋一般指公历的 10 月，一共有两个节气，即“寒露”和“霜降”。“寒露”的时间是公历 10 月 8 日前后。《月令七十二候集解》说：“九月节，露气寒冷，将凝结也。”因为此时气温比秋季的第三个节气——“白露”时更低，露水也更多，并且带有寒意，所以称为“寒露”。

寒露是一个反映气候变化特征的节气，此时昼渐短，夜渐长，日照时间缩短，寒气渐生，昼夜温差逐渐加大，早晚开始感到丝丝寒意。在中国南方，大部分地区的气温显著下降，华南地区日平均气温不到20℃，即使在长江沿岸地区，白天气温也很难超过30℃，而夜间最低气温却可降至10℃以下——昼夜温差之大可想而知。寒露后，如有北方强冷空气南下，南方容易出现气温低、风力大的寒露风天气，而在华南地区，还会出现一种灾害性天气——绵雨，其特点是湿度大，云量多，日照时间短，阴天多。

中国古人将寒露划分为三候，“候”是二十四节气中最小的时间单位，一候为5天，每一候都有不同的物象：第一候鸿雁来宾，在这个时间段内，鸿雁开始迁徙，它们排成队列大举南迁；第二候雀入大水为蛤，深秋天寒，雀鸟不见了，而这时海边会出现很多蛤蜊，贝壳的条纹及颜色与雀鸟十分相似，古人便以为蛤蜊是雀鸟变化而成；第三候菊有黄华，此时菊花普遍开放，到处一片金黄。

从以上表述中我们不难得出结论：李清照词中的“乍暖还寒”，写的正是深秋的“寒露”时节，此时恰逢冷空气南下，天气由暖变寒，冷风吹拂，阴雨绵绵，再加上南飞的大雁、被风吹折的菊花，以及雨打梧桐的声音，令多愁善感的词人倍感凄凉，于是写下了这首传诵千古的《声声慢·寻寻觅觅》。

◆第一候鸿雁来宾

◆第二候雀入大水为蛤

◆第三候菊有黄华

寒露时节如何养生？

一是注意保暖。古语有“白露身不露，寒露脚不露”的说法，意思是寒露后，天气由凉爽转为寒冷，“秋冻”的日子已经结束，此时应注意防寒保暖，尤其要注意足部的保暖。

二是早睡早起。寒露起居原则是早睡早起，早睡早起可以提高身体免疫力，使人精力旺盛，因此要保证睡眠质量，避免熬夜。

三是调整情绪。深秋季节，草木枯槁，寒风萧瑟，容易使人情绪低落，有些人甚至会出现季节性抑郁。此时应积极思考，当感到紧张、激动、沉郁时，要及时调整。

四是适度运动。运动锻炼可以强健体魄，在一定程度上赶走秋乏，但如果运动强度太大，反而会加剧疲惫感，此时可以做一些贴近大自然的舒缓运动，如快步走、爬山等。

君问归期未有期，巴山夜雨涨秋池

——四川盆地为何多夜雨

夜雨寄北

［唐］李商隐

君问归期未有期，巴山夜雨涨秋池。

何当共剪西窗烛，却话巴山夜雨时。

这是一首写给妻子的诗，大意是：你问我什么时候能够回家，可是我也不知道自己的归期呀。此刻已是深夜，我所处的巴山正在下雨，雨水淅淅沥沥，涨满了秋天的池塘。何时才能回到家中，一起在西窗下剪烛夜谈，向你倾诉今宵巴山夜雨中的思念之情呢？

这首诗的作者李商隐，是晚唐著名诗人，和杜牧一起合称“小李杜”。李商隐一生困顿不得志，为了生计，他不得不时常离家到外地工作。唐宣宗大中五年（公元 851 年），李商隐在东川节度使柳仲郢的幕府中担任书记之职（类似于现在的秘书）。一个秋天的夜晚，因为思念远在长安（今陕西西安一带）的妻子，于是他提笔写下了这首《夜雨寄北》。

诗的首句“君问归期未有期”，表明诗人之前收到过妻子的家信，问什么时候回家，可是李商隐此时并不能确定回家的时间。“巴山夜雨涨秋池”写诗人当时所处的环境和天气：“巴山”指大巴山，这里泛指巴蜀一带；“夜雨”表明下雨的时间是夜晚；“秋池”则说明此时的季节是秋季。在“夜雨”和“秋池”之间，诗人巧妙地嵌入了一个“涨”字，不但刻画出雨水溢满池塘的生动景象，而且说明了一个事实：夜雨应该不仅今晚在下，因为秋天的雨一般都不大，即使下一宿也不可能涨满池塘，所以“秋池”水位上涨应该是无数个夜晚下雨叠加的结果。

可以说，“巴山夜雨涨秋池”这句诗形象地描绘了巴蜀地区的夜雨特征，而由这首诗诞生的“巴山夜雨”一词，也常被人们用来形容四川盆地夜雨多的特点。

一个巨大的“盆子”

让我们先来了解一下四川盆地的地形特征。

四川盆地是巴蜀文化的发源地，包括今天的四川省中东部和重庆市。整个盆地由青藏高原、大巴山、华蓥（yíng）

山、云贵高原环绕而成，总面积约26万平方千米，大致可以分为两部分：一是周围山地，面积约10万平方千米，海拔多在1000~3000米，如果把四川盆地看作一个大盆子，那么周围的这一圈山地就相当于盆沿；二是中间盆地底部，面积约16万平方千米，这是四川盆地的主体部分，地势低矮，海拔在250~750米。从卫星地图上看，四川盆地呈不规则的椭圆形，东边有一个小小的缺口，那是长江东流形成的三峡地区。

四川盆地作为中国四大盆地之一，与其他三个盆地有着显著的区别：柴达木盆地、准噶尔盆地和塔里木盆地均降水稀少，十分干旱，地貌不是沙漠就是戈壁，但四川盆地却降水充沛，云丰雨盈，自古以来便是富饶美丽、人杰地灵的“天府之国”。

四川盆地的气候特征

总体来说，四川盆地属于亚热带季风湿润性气候，这种气候的特点是冬温夏热，四季分明，降水丰沛。同时，四川盆地又兼有海洋性气候的特征。所谓海洋性气候，是指受海洋巨大水体作用形成的气候，其特点有三个：一是气温年变化与日变化都很小，通俗的说法就是冬暖夏凉；二是降水天数多，强度小；三是湿度大，云雾天气多。

看到这里，有人可能会觉得奇怪：四川盆地远离海洋，为什么会具有海洋性气候特征呢？这是由四川盆地的地形决定的：首先，盆地四周都是高大山脉，北方来的冷空气被阻挡在外面，所以盆地冬季比较暖和；其次，从南方海洋上吹来的暖湿水汽到达这里时，同样因为高大山脉阻挡，被“囤积”了起来，再加上四川河流众多，湖泊密布，所以盆地水汽十分充沛，不但降水天数多，而且湿度大，云雾天气也多。

据气象观测资料统计，四川盆地年降水量 1000~1300 毫米，其中，夜雨占总降水量的 60%~70%。别的省份虽然也有夜雨较多的地区，但夜雨次数、夜雨量及影响范围都不如四川盆地。比如南京一年中夜雨仅占 38%，湖南衡阳一年之中夜雨占 36%，与四川盆地相比差距都很大，所以说，“巴山夜雨”自古便十分有名。

◆多雾的四川盆地

四川盆地夜雨多的原因

夜雨，一般是指晚8点以后，到第二天早8点之前下的雨。那么，四川盆地为何夜雨很多呢？

前面我们已经说过，四川盆地具有亚热带季风湿润性气候和海洋性气候的双重特征，空气湿度大，云雾天气多，日照时间短。唐朝著名文学家韩愈在一篇名为《与韦中立论师道书》的文章中这样写道："蜀中山高雾重，见日时少，每至日出，则群犬疑而吠之也。"这句话的意思是说，四川山高雾多，能见到日出的次数太少了，所以当太阳好不容易出来时，狗不知道天上挂着的是什么，于是集体狂叫起来。这就是成语"蜀犬吠日"的出处。因为白天大部分时间被云雾笼罩，地面吸收的太阳辐射十分有限，云下层的气温较低，空气很难产生对流，暖湿空气不能输送到高空，所以四川盆地白天一般不容易下雨。

到了晚上，情况正好颠倒过来。夜间，覆盖在盆地上空的云层就像一床巨大的棉被，把大地捂得严严实实，近地面的空气由于散热较慢，气温比较高。而云的上层因为辐射散热，温度下降很快，这样便形成了上冷下暖的明显温差，上层冷空气因为密度大而下沉，下层暖空气则因密度小而上升，这样便产生了对流，近地面的水汽被带到高空，从而产生了降雨。

四川盆地的夜雨，一般春季比较多，但秋季的夜雨也不可小觑：秋天，频繁南下的冷空气与滞留在盆地内的暖湿空气相遇，

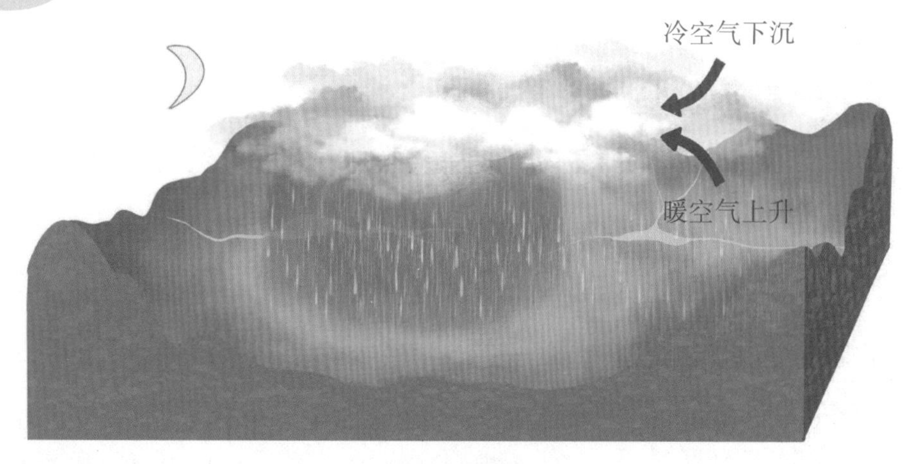

◆夜雨形成原理图

常常会形成绵绵秋雨，这些降雨大多在夜晚产生，所以每到这时，盆地许多地区出现了“巴山夜雨涨秋池”的诗情画意的景象。

夜雨多、湿度大应注意什么？

当空气湿度达到80%~100%时，空气很难再吸收水分，人体汗液不易排出，出汗后也不易被蒸发，使人烦躁疲倦、食欲不振。所以，室内可使用空调、除湿机除湿，饮食方面可多吃一些开胃的食物，以促进食欲。

在高湿环境下，空气水分含量升高，氧气含量相对降低，容易引发人体呼吸不畅，导致睡眠质量下降，出现失眠、注意力不集中等现象。所以，天气潮湿期间应少开窗，避免室内湿度加重，另外，卧室内可放置除湿盒等物品除湿，以提高睡眠质量。

黄梅时节家家雨，青草池塘处处蛙

——黄梅雨是一种什么雨

约　客

［宋］赵师秀

黄梅时节家家雨，青草池塘处处蛙。

有约不来过夜半，闲敲棋子落灯花。

黄梅时节，家家户户都被细雨笼罩着，长满青草的池塘边，传来了一阵阵蛙声。约好的客人，过了午夜依然没有到来，我无聊地轻轻敲着棋子，看着灯花一点儿一点儿落下。

这首诗的作者赵师秀是南宋有名的诗人，人送外号“鬼才”。他曾经当过小官，不过最向往的还是恬静淡泊的生活，所以常与朋友同游山水，并经常一起下棋、吟诗。一次赵师秀约朋友前来下棋，但由于阴雨绵绵，到了半夜朋友都没有到

◆青草池塘处处蛙

来，赵师秀有感而发，于是写下了这首《约客》。

“黄梅时节家家雨，青草池塘处处蛙”，开篇即点明了时令。“黄梅时节”乃立夏后数日梅子由青转黄的一段时间，此时江南一带细雨绵绵，俗称黄梅天。“家家雨”三个字，写出了“黄梅时节”的特点，为我们描绘出烟雨蒙蒙的江南景象，同时也为后面“有约不来过夜半”埋下了伏笔。“处处蛙”写池塘边蛙声一片，读来使人身临其境。后两句“有约不来过夜半，闲敲棋子落灯花”，从表面上看，诗人描述的是约客未至的百无聊赖，但实际上还暗含了一种坏心情：由于阴雨连绵，湿度大，天气阴沉，诗人情绪本就十分低落，又因为客人爽约，便十分怅惘，可以说，这一切都是黄梅雨惹的祸。

什么是黄梅雨？

黄梅雨又叫梅雨，在晋代已有“夏至之雨，名曰黄梅雨”的记载。气象上是指每年初夏我国长江中下游地区、台湾地区，以及日本中南部和韩国南部等地出现的持续性阴雨天气。因为此时正值江南梅子黄熟之时，所以得名“黄梅雨”。梅雨时节空气湿度大、气温高，衣物等容易发霉，因此人们又把梅雨称为同音的“霉雨”。

黄梅雨是如何形成的呢？这和地理位置有密切关系。长江中下游地区处于亚欧大陆东部的中纬度地带，这里大部分是平原，海拔较低，常受到北方南下的冷气团和热带海洋北上的暖湿气团影响。每年春季开始，随着太阳直射点北移，海洋上的水汽蒸发开始变得旺盛起来，暖湿气团大军由南至北，浩浩荡荡进入我国内陆。初夏，暖湿气团势力已伸展至长江中下游地区。但这时，从北方南下的冷气团尚有一定势力，它们盘踞在此不肯撤退。这样，冷暖两大气团便在长江中下游地区“兵戎

◆黄梅雨形成原理图

相见”、大打出手，不过，二者力量相当，谁也打不过谁，于是便形成了对峙局面（气象学上称为“准静止锋”）。在两大气团交界的地方，由于冷暖空气激烈交锋，形成了一条稳定的降水带。它的南北宽度虽然只有二三百千米，但东西长度却可达 2000 千米，横贯长江中下游地区，向东可一直伸展到韩国和日本。

这条雨带笼罩的地方，时常天空阴沉，细雨绵绵，这就是令人烦恼的黄梅雨。

“日日晴”是怎么回事？

黄梅雨时节，天空连日阴沉，降水不断，赵师秀《约客》一诗中的“黄梅时节家家雨，青草池塘处处蛙”，可以说正是这种天气的真实写照，而我国南方也流传着“雨打黄梅头，四十五日无日头”的谚语，意思是说梅雨天气一旦来到，四十五天之内都看不到太阳。

不过，黄梅雨也有异常的时候。宋代诗人曾几在《三衢道中》中写道：“梅子黄时日日晴，小溪泛尽却山行。绿阴不减来时路，添得黄鹂四五声。”从诗中我们看出，曾几描述的黄梅雨和赵师秀所写截然不同：一个是“家家雨”，一个却是“日日晴”。这到底是怎么回事呢？

原来，正常黄梅雨只占总数的一半左右，此外还有一些异常的黄梅雨。有些年份黄梅雨非常不明显，在长江中下游地区仅停留十来天，并且雨量也不大，这种情况称为“短梅”。还有些年份，从初夏开始长江流域都没有出现连续阴雨天气，多数时间白天晴朗暖和，早晚非常凉爽，这段时间一过，接着便进入盛夏，这样的情况称为“空梅”。

根据以上分析，我们可以得出结论:《三衢道中》一诗描述的“梅子黄时日日晴”，其实写的是“空梅”，它并不是真正的黄梅雨天气。

梅实迎时雨，苍茫值晚春

气象学上，把黄梅雨开始和结束的时间，分别称为“入梅”和“出梅”。中国长江中下游地区，平均每年 6 月中旬入梅，7 月上旬出梅，历时约 20 天。

但是，唐代诗人柳宗元见到的黄梅雨，却不符合上述规律，他在《梅雨》一诗中写道:“梅实迎时雨，苍茫值晚春。”意思是杨梅结果实的时候，迎来了阴雨连绵的梅雨天气，天地苍茫一片，时间正好是晚春——这里的黄梅雨显然来得很早，在杨梅结实的晚春便提前到来了。这又是怎么回事呢？

原来，这是黄梅雨的另一种异常类型——早梅雨。有的年份，梅雨开始得很早，在 5 月底 6 月初就会突然到来，气象学通常把“芒种”之前开始的梅雨，统称为“早梅雨”。早梅雨刚开始的一段时间，从北方南下的冷空气比较频繁，气温较低，再加上阴雨天气笼罩，有一种冷飕飕的感觉，所以农谚中有“吃了端午粽，还要冻三冻”的说法。

与早梅雨相反的是姗姗来迟的梅雨，气象学把6月下旬之后开始的梅雨称为“迟梅雨”。迟梅雨持续的时间一般不长，平均只有半个月左右。由于迟梅雨开始比较晚，南方来的暖湿空气势力很强，同时，太阳辐射也比较强，空气受热后，容易出现激烈的对流，因而迟梅雨常常伴有打雷。

此外，黄梅雨还有两种异常类型：特长梅雨和倒黄梅。特长梅雨是指持续时间特别长的梅雨，如1954年江淮流域便出现了长达两个月的特长梅雨，由于降水时间长、雨量大，该地区发生了百年一遇的特大洪水。倒黄梅是指在某些年份，黄梅天似乎已经过去，天气转晴，温度升高，出现盛夏的特征，可是几天后，又重新出现闷热潮湿的雷阵雨天气，并且维持一段时期，这种情形称为“倒黄梅”。

黄梅雨的愁绪

黄梅雨时节，阴雨连绵，空气湿度大，容易导致衣物出现发霉现象。李时珍在《本草纲目》中指出：“梅雨或作霉雨，言其沾衣及物，皆生黑霉也。”柳宗元在《梅雨》一诗中也写道：“素衣今尽化，非为帝京尘。”此外，木材、家具等发霉现象司空见惯，而粮食如果没有晒干或贮存不当，也很容易发生霉变。

黄梅雨不但给人们带来烦恼，还会引发人们无尽的愁绪。

赵师秀的“有约不来过夜半，闲敲棋子落灯花”，表达的是一种无聊和怅惘。柳宗元“愁深楚猿夜，梦断越鸡晨”则表现了梅雨时节愁深难眠、好梦易醒的状况，可以说这种天气加重了愁绪。而把黄梅雨愁绪写到极致的，当属宋代词人贺铸，他在《青玉案·凌波不过横塘路》一词中写道：“试问闲愁都几许？一川烟草，满城风絮，梅子黄时雨。”在这里，词人用梅子黄时的绵绵细雨比拟心中的愁绪，立意新奇，韵味悠长，这首词因此成为广为传诵的名篇，而贺铸也获得了一个“贺梅子”的美称。

黄梅天如何调节情绪？

黄梅天要注意调节情绪，别让自己的心情跟着阴雨发“霉”：第一，作息要规律，不熬夜，适当做一些室内运动；第二，营造舒适的环境；第三，注意室内空气流通，多吃清淡、易消化的食物。

羌笛何须怨杨柳，春风不度玉门关

——春风真的吹不过玉门关吗

凉州词

［唐］王之涣

黄河远上白云间，一片孤城万仞山。

羌笛何须怨杨柳，春风不度玉门关。

这首诗的大意是：黄河蜿蜒盘旋，远远望去，像是从白云间奔涌而来。壮阔的大地上，一座孤城屹立在崇山峻岭间。将士们呀，何必用羌笛吹奏那首哀怨的杨柳曲埋怨春光迟迟不来呢，要知道，春风本来就吹不到玉门关！

王之涣是盛唐时期的著名诗人。唐玄宗开元十四年（公元726年）王之涣辞去官职，这首《凉州词》便作于他辞官期间。当时诗人初到凉州，面对黄河、边城的辽阔景象，耳边听着乐曲，有感而发，于是挥笔写下了这首表现守边士兵思念家乡的作品。

诗的前两句描绘了西北边地的风光，展示了玉门关一带雄伟壮阔的景象。后两句写边塞的苦寒环境，诗人借助春风杨柳之意，道尽了戍边士兵的乡愁。诗人虽然没有明写气候的恶劣，但从“怨杨柳”和“春风不度”不难得出结论：内地早已是桃红柳绿、风光明媚的阳春时节，然而玉门关因为地处边塞，春风无法吹到，所以依然呈现出荒凉萧瑟的景象。

你可能会问：春风真的吹不到玉门关吗？

玉门关在哪里？

玉门关，古汉长城的关隘之一，建于公元前 111 年左右，是丝绸之路通往西域北道的咽喉要隘，因为当时西域向中原地区进贡玉石，必须从这里经过，所以得名“玉门关”。

据《汉书 · 地理志》记载，玉门关位于敦煌郡龙勒县，自古便是重要的屯兵之地，许多描写边关的诗都会提到玉门关。除王之涣外，唐代还有多位诗人写过玉门关。比如王昌龄在《从军行》中写远望玉门关的情景：“青海长云暗雪山，孤城遥望玉门关”；胡曾在《咏史诗 · 玉门关》中担忧回不了故乡：“半夜帐中停烛坐，唯思生入玉门关”；李白的《关山月》则写得豪气十足：“长风几万里，吹度玉门关”。

从地理位置看，玉门关地处河西走廊最西端，距甘肃省敦

◆敦煌玉门关遗址

煌市约 90 千米。历尽千年风雨，玉门关几易其貌，仍然屹立于戈壁荒漠之中。现存的关城呈方形，用黄胶土夯筑而成，东西长 24 米，南北宽 26.4 米，总面积 630 多平方米。城北坡下有一条东西走向的大车道，是历史上中原和西域诸国来往及邮驿之路。当年，这座古城商队络绎，使者往来，驼铃悠悠，人喊马嘶，一派繁荣景象。

玉门关也有春天

玉门关是否有春天呢？因为玉门关距敦煌很近，所以咱们不妨以敦煌的地理和气候来分析这个问题。

首先看敦煌的地理位置。敦煌地处甘肃省西北部，这里是甘肃、青海、新疆三省（区）交界，地理纬度在北纬39° 40′~41° 40′，比当时唐朝的都城长安高了5°左右。我们都知道，纬度越高的地区，获得的太阳辐射也就越少，所以气温相对比较低。不过，敦煌因为位于河西走廊，平均海拔不足1200米，所以这里与同纬度的许多地方相比要暖和得多，年平均气温达9.4℃，属于典型的暖温带干旱性气候。

衡量一个地方是否入春，首先要看气温。根据现代气象学标准，春季的划分指标为日平均气温或滑动平均气温大于等于10℃且小于22℃。当滑动平均气温序列连续5天大于等于10℃，则从计算这5个滑动值所对应的9天实测日平均气温数据中，选取第一个达到入春指标的日期，作为春季起始日。按照这个标准，敦煌入春的时间大致在每年公历的4月初，有时甚至在3月末便入春了，比如，2021年敦煌在3月25日便提前进入了春季。

王之涣写《凉州词》时，正是气候偏暖的盛唐时期。据史书记载，当时河州敦煌道“岁屯田，实边食”。也就是说，那时敦煌一带气温较高，守边将士可以开垦种田。而现代气象专家经过研究，也认为当时的气候比现在暖和，气温要高一些。所以，从气温的角度来说，盛唐时期的玉门关肯定有春天，它可能比中东部地区来得稍晚一些，但春姑娘一定不会遗忘这里，它一定会在春季到达玉门关。

春风为何不度玉门关？

既然春天的脚步能踏过玉门关，那么，王之涣为什么会说“春风不度玉门关”呢？

古时候，人们常将东风比作春风，故有东风送暖之说。在描写春天的古诗词里，我们经常看到“东风”两个字，如“东风夜放花千树”“东风袅袅泛崇光”“东风随春归，发我枝上花”“等闲识得东风面，万紫千红总是春”等等，都说明东风和春天有密切关系。从气象学来说，东风是指从东面吹来的风，由于我国大陆东部是海洋，所以春季东风一吹，海洋来的暖湿气流随之而来，便呈现出“万紫千红”的春天景象。

不过，春季敦煌的东风并不明显。河西走廊属于典型的大陆性气候，这种气候的特点是受大陆影响大，受海洋影响小，冬冷夏热，气温年变化很大。由于深处内陆，这里的东风作用不明显，海洋的暖湿气流难以抵达。从近年的风向统计来看，在每年3—4月冬春过渡时节，敦煌的风向也以西风为主，而非东风。所以，从气象角度来分析，王之涣描述的“春风不度玉门关”是符合气象科学的。

玉门关降水稀少

因为携带暖湿气流的东风到不了玉门关，这里的降水少得可怜。以敦煌为例，全年平均降水量仅42.2毫米，3—4月累计降水量更是不足 5 毫米，而同一时期，关内的西安降水量可达 45 毫米。所以春天到来的时候，玉门关一带虽然气温升高了，温暖程度也和关内差不多，但由于降水稀少，空气干燥，地表和冬季一样荒凉萧瑟。

总之，从气象意义上讲，玉门关和关内一样有春天，但因为暖湿气流很难到达，景观与中原地区有巨大差异，在王之涣等文人看来，玉门关的春天缺失了故乡的色彩与韵味，这里似乎并没有春天，所以王之涣发出了“羌笛何须怨杨柳，春风不度玉门关”的感慨。

在气候干燥地区生活应注意什么？

一是补水。气候干燥，降水稀少，这样的环境会使皮肤变得很干燥，再加上高热高温，人体很容易脱水，所以应及时补充水分。

二是防晒。干燥地区天空云量少，阳光强烈，日照时间长，很容易晒伤皮肤，所以出门应注意做好防晒，通过涂抹防晒霜、穿防晒衣等方式保护肌肤。

三是御寒。气候干燥地区往往昼夜温差很大，特别是春秋季节，白天气温较高，但早上和夜间温度较低，所以要注意保暖御寒。

寒雨连江夜入吴，平明送客楚山孤

——一场台风制造的秋雨

芙蓉楼送辛渐

［唐］王昌龄

寒雨连江夜入吴，平明送客楚山孤。

洛阳亲友如相问，一片冰心在玉壶。

这是一首送别诗，大意是：秋冬时节，冷雨连夜洒遍了吴地。第二天清晨，我在江边送别好友，一个人独自面对楚山离愁无限。朋友啊，你到了洛阳，若有亲友问起我来，就说我的心依然像玉壶里的冰一样纯洁，坚持操守，未受功名利禄的玷污。

这首诗大约作于唐玄宗天宝元年（公元 742 年），当时诗人王昌龄出任江宁（今江苏南京）县丞。辛渐是王昌龄的朋友，他此次计划由润州（今江苏镇江）渡江，取道扬州，北上洛阳。王昌龄陪他从江宁到润州，然后在此分别，并作下了此诗。

“寒雨连江夜入吴”点明了当时的季节：“寒雨”指秋冬时节的降雨，因为这个季节气温较低，下雨时很冷，所以称为寒雨；“连江”是说雨水与江面连成一片，形容雨很大。这一句如实地描述了润州当时的天气状况，渲染出离别的黯淡气氛，含蓄地表现了作者不舍朋友远离的落寞心情。

不过，你可能会对“寒雨连江”感到疑惑：秋天的雨一般都不会很大，这里的秋雨怎么会“连江”呢？

秋雨绵绵无绝期

气象学上把夏秋或秋冬过渡季节里的连阴雨天气统称为秋雨。从这个定义我们可以看出：第一，秋雨有两个时段，一是夏秋过渡季节下的雨，二是秋冬过渡季节下的雨。很显然，王昌龄《芙蓉楼送辛渐》中的“寒雨”属于后一种情况。第二，秋雨都是连阴雨天气，也就是说，秋雨一旦出现就会持续好几天，所以古人常用“绵绵无绝期”来形容秋雨。

和夏天的骤雨相比，秋雨一般下得轻缓，雨量也不大，它一般温柔缠绵，如丝如缕。唐代诗人温庭筠在《秋雨》一诗中写道：“细响鸣林叶，圆文破沼萍。”这里的“细响”写出了秋雨细细密密、轻轻柔柔的样态。宋代词人李清照在《声声慢·寻寻觅觅》中，更是直接用“细雨”替代秋雨：“梧桐更兼细雨，到黄昏、点点滴滴”，这里不但写出了秋雨又细又密的视觉特征，而且写出了雨水汇聚，从树叶上滴落下来的情景。

说到秋雨，便不能不提华西秋雨。它是我国华西地区秋季出现的一种多雨天气，主要出现在四川、重庆、渭水流域（甘肃南部和陕西中南部）、汉水流域（陕西南部和湖北中西部）、云南东部、贵州等地。华西秋雨有两大特点：一是雨日多，持续时间可达一月之久；二是降水以小雨为主，降水强度小，是典型的绵绵细雨。

台风“导演”的秋雨

不过，我国地域广阔，秋雨并不都是绵绵细雨，比如江苏、浙江等东部地区，秋雨不但不温柔，有时还会出现雨势迅猛、江水大涨的景象呢。

北宋文学家张耒在临淮（今江苏泗洪）及润州当过官，写过多首关于当地秋雨的诗，如《雨夜怀陈永源山庄》一诗所写的秋雨便十分迅猛：“夜来秋雨如决渠，不寐忧君玉川屋。”这里用“决渠”形容秋雨，可见当时的降水强度很大。《别外甥杨克》一诗则写道：“东南秋雨足，泽国水连天。”这里的“水连天”和王昌龄所写的“寒雨连江”何其相似！

◆台风“龙王”接近台湾

我国东部地区的秋雨为什么如此大呢？原来，这与台风有密切关系。台风是热带气旋的一个类别。所谓热带气旋，是指发生在热带或副热带洋面上的低压涡

旋，是一种强大而深厚的热带天气系统。世界气象组织规定：热带气旋中心持续风速在 12~13 级（即每秒 32.7 米至 41.4 米）时，称为台风或飓风。夏秋过渡季节，台风常在中国东部登陆北上或在近海转向，它一出现，便会有大量暖湿空气紧随而来，如果此时恰好有北方冷空气南下，冷暖气流一经交汇，便会形成持续性的阴雨天气。

因为台风携带的水汽非常多，所以它“导演”形成的秋雨往往十分迅猛。如 2013 年，强台风“菲特”登陆福建，此时恰遇冷空气南下，两者结合，给登陆点北部的浙江余姚带去了罕见的特大暴雨，导致江河水满，一些地方受灾严重。

“寒雨连江”的成因

气象专家告诉我们，秋季只要有台风在我国东部地区登陆，就有可能形成迅猛秋雨。

关于秋台风，气象上并没有严格的定义，一般将 6—8 月生成的台风称为夏台风，9—11 月生成的台风称为秋台风。气象专家在分析 1949—2020 年的台风时发现，秋台风和夏台风生成的个数几乎一样多，也就是说，秋季依然是台风活跃的时期。

为什么天气转凉了，台风还会如此频繁呢？原来，这是因为秋台风绝大多数生成于西北太平洋洋面，那里距陆地很远，台风在广阔洋面上“诞生”后，有足够的空间和时间成长。加上经过一个夏季的阳光照射、加热，洋面积累了很多热量。初秋时节，太阳直射点向南移动过程中再次加热热带海洋，使得海洋热量达到顶峰，所以强台风更容易出现在这个时期。

王昌龄所写的“寒雨连江”，时间节点是秋冬，也就是深秋至冬初这段时间。这个时期依然会有台风生成，由此我们可以推测：在诗人送别朋友的前夜，一场台风很可能在这里登陆，它和南下的冷空气交汇，“导演”了一出“寒雨连江”的大戏，此景被王昌龄写进诗中，从而给送别的场面增添了几分黯淡和落寞。

如何防范台风灾害？

台风会带来大风、暴雨和风暴潮，防范台风灾害需做好以下几点：一是关注天气预报，及时收听、收看或上网查阅台风预警信息，了解政府的防台风行动对策；二是台风来临前，要关紧门窗，加固易被风吹动的搭建物，检查电路、炉火、燃气等设施是否安全；三是从危旧房屋转移至安全处，并且远离低洼地区；四是幼儿园、中小学校应采取暂避措施，必要时停课；五是及时取消露天集体活动或室内大型集会，并做好人员疏散工作；六是海上的船只接收到台风消息后，应及时调整航线和停靠计划，寻找避风的最佳位置。

黑云翻墨未遮山，白雨跳珠乱入船

——令人猝不及防的阵雨

六月二十七日望湖楼醉书

［宋］苏轼

黑云翻墨未遮山，白雨跳珠乱入船。

卷地风来忽吹散，望湖楼下水如天。

这是一首描写夏天雨景的诗，大意是：乌云翻滚，好似泼洒的墨汁一般，不过云层尚未把山全部遮住。这时，下起了倾盆大雨，白花花的雨点像蹦跳的珍珠，乱纷纷溅到船上。忽然之间，一阵狂风卷地而来，吹散了满天乌云。风雨过后，望湖楼下的西湖，波光粼粼，水天一色。

苏轼是北宋中期文坛领袖，“唐宋八大家”之一。这首诗作于北宋熙宁五年（公元 1072 年），当时苏轼在杭州任通判。

这年六月二十七日，他游览西湖，在船上忽然遭遇骤雨，之后弃舟上岸，到望湖楼上饮酒远眺，写下了这首绝句。

纵观全诗，诗人描写的景物有远有近，有动有静，有声有色，给人一种身临其境的感觉，可以说，这是一首描写夏季雨景的经典之作。不过，世人却对苏轼所写的这场雨有不同看法，有人说诗人写的是暴雨，也有人说是大雨，还有人说是阵雨。到底是什么雨呢？下面咱们一起来分析分析吧。

大暑是什么节气？

咱们先来分析苏轼游览西湖的时间。在题目中，诗人开门见山点明了游湖的时间是六月二十七日。按公历计算，这一天接近 7 月下旬，也就是夏季的最后一个节气——大暑。

夏季最炎热的两个节气，一个是小暑，一个是大暑。《月令七十二候集解》中说：“暑，热也，就热之中分为大小，月初为小，月中为大，今则热气犹小也。”《通纬 · 孝经援神契》也说：“小暑后十五日斗指未为大暑，六月中。小大者，就极热之中，分为大小，初后为小，望后为大也。”

大暑是一年中日照最多的节气，相比小暑更加炎热。中国古人将大暑分为三候：一候腐草为萤。意思是说到了大暑时节，气温不但偏高，而且经常下雨，导致许多枯死的植物潮湿腐化，细菌大量滋生，到了夜晚，萤火虫便会在腐草败叶上飞来飞去寻找食物。二候土润溽暑。这段时间的土壤高温潮湿，非常适宜水稻等作物生长。三候大雨时行。此时正逢雨热同季，雨量比其他时间明显增加，随时都会下雨。

从苏轼诗中的时间来看，他游览西湖时正是大暑时节。对地处南方的杭州来说，此时节天气炎热，酷暑难耐，大概是热得没办法工作，所以苏轼打算去西湖乘船游玩避暑，殊不知，这一去便遇上了一场骤雨天气。

排除暴雨嫌疑

那么，苏轼当时遇到的会是暴雨吗？

暴雨是指降水强度很大的雨。按照强度和降水量大小，暴雨可分为暴雨、大暴雨和特大暴雨三个等级。

强度	降水量
暴雨	12 小时内降水量 30.0～69.9 毫米，或 24 小时内降水量 50.0～99.9 毫米
大暴雨	12 小时内降水量 70.0～139.9 毫米，或 24 小时内降水量 100.0～249.9 毫米
特大暴雨	12 小时内降水量≥ 140.0 毫米，或 24 小时内降水量≥ 250.0 毫米

按照暴雨发生和影响范围，气象专家又将暴雨划分为四种类型：一是**局地暴雨**。这种暴雨历时较短（仅几个小时或几十个小时左右），影响范围较小（一般影响几十至几千平方千米），造成的危害也较小。二是**区域性暴雨**。这种暴雨可以持

续 3~7 天，影响范围为 10 万 ~ 20 万平方千米甚至更广，有时在降水强度极大的情况下，可能会造成区域性的严重暴雨洪涝灾害。三是**大范围暴雨**。顾名思义，这种暴雨影响的范围更广，持续时间更长，造成的灾害也更严重。四是**特大范围暴雨**。这种暴雨历时最长，一般由多个地区内的连续多次暴雨组合而成，可断断续续下 1~3 个月，雨带长时期维持，往往造成重大灾害损失。

◆大暴雨中骑电动车的人

从以上暴雨的定义和分类来看，我们不难得出结论：苏轼游西湖遇到的雨应该不是暴雨，因为当时的降水强度远没有暴雨这么大，而且持续时间很短，降水量不可能达到暴雨级别。

会是大雨天气吗？

排除了暴雨嫌疑，咱们再来看看大雨。

相比暴雨，大雨的强度要弱一些，降水量也相应小一些。气象学上，判定大雨的标准有两个：一个是 12 小时内的降水量为 15.0~29.9 毫米，则认定为大雨；另一个是 24 小时内的降水量为 25.0~49.9 毫米，也认定为大雨。此外，大雨还有三个明显的特征：一是降雨倾盆，模糊成片，根本看不清雨点；二是大量雨水倾泻下来，洼地积水极快；三是能清晰听见雨水落下的“哗哗”声。

对照上面的大雨标准和特征，我们不难得出结论：诗中所写的并非大雨。首先，苏轼用“白雨跳珠”形容下雨的情景，说明当时的降水强度并不大，因为雨点能用肉眼看清，这和大雨“降如倾盆，模糊成片”的标准相差甚远。其次，“卷地风来忽吹散”说明这场雨下的时间很短，而从苏轼的行动轨迹来看，也可以得出这一结论，因为他乘船在湖中遭遇大雨，很快便转向岸边，等到回到望湖楼上，雨已经停止了——在如此短暂的时间内，降水量不可能达到大雨标准。

阵雨的特点

接下来，我们分析分析阵雨。

气象学上，阵雨是指雨时短促、开始和终止都很突然、降水强度变化很大的雨。它具有以下几个特点：第一，阵雨多发生在夏季，特别是气温较高的盛夏季节，其余三个季节虽然也会发生，但次数远不及夏季；第二，雨时短，雨量不定，也就是说，阵雨不像暴雨和大雨那样可以持续数小时甚至一天，而降水量也没有统一的标准；第三，降水时间不连续，来得快去得快，或者时有时无；第四，强度时强时弱，范围分布不均，有的地方下得大，有的地方下得小，有的地方干脆只掉几滴雨便草草收场。

此外，阵雨还有两个显著特点：一是来自积雨云中。积雨云是盛夏季节常出现的一种对流云，云体浓厚而庞大，远看像耸立的高山，底部十分阴暗，常有雨幡及碎雨云。二是发生得十分突然。阵雨常发生在夏季阳光明媚的天气当中，没有任何征兆，突如其来，令人措手不及。

最后的结论

最后，我们结合全诗来分析一下。

首句“黑云翻墨未遮山”中的“黑云”即积雨云，因为云底十分阴暗，所以在苏轼看来就像打翻的黑墨水一样，而一个“未”字，突出了天气变化之快，符合阵雨“发生突然”的特

◆积雨云

点。第二句“白雨跳珠乱入船”，诗人用“跳珠”形容白白亮亮的雨点，说明雨点清晰可辨，就像一颗颗乱跳的珍珠一般。第三句“卷地风来忽吹散”，写一阵狂风忽然吹来，湖面上霎时云飞雨散，一个“忽”字，突出了天气变化快，下雨时间很短。最后一句“望湖楼下水如天”，写雨后天晴的景象，此时“黑云”“白雨”全部消失不见，方才的一切好像全都不曾发生，这和阵雨来得快、去得快的特点相吻合。

所以，苏轼《六月二十七日望湖楼醉书》一诗所描写的天气现象是阵雨。因为这场突如其来的雨，诗人领略到了不一样的自然景致，他的心情也显得十分愉悦。

如何防范阵雨天气？

一是注意带伞，当天气预报有阵雨时，我们出门应注意带上雨具；二是找地方避雨，阵雨时间短暂，来得快，去得也快，一般不会对人体造成危害，但有时强度较大，所以下雨时要找地方避雨，以免被淋成落汤鸡；三是注意防雷，阵雨经常会伴有雷电出现，因此打雷时不要打伞，也不要在大树下或野外孤立的小房内避雨。

人闲桂花落，夜静春山空

——桂花为什么在春天开放

鸟鸣涧

［唐］王维

人闲桂花落，夜静春山空。

月出惊山鸟，时鸣春涧中。

这首诗的大意是：没有人事活动相扰的山谷中，桂花无声飘落；宁静的夜色中，春山显得那么空寂。月亮从天边升起，惊动了山中栖息的鸟儿，它们在春天的溪涧里不时鸣叫。

王维，盛唐诗人的代表，多才多艺，诗画双绝。唐开元年间（公元 713—741 年），王维游历江南，寓居在今浙江绍兴东南五云溪（即若耶溪）一个叫皇甫岳的朋友家中，其间，他写了组诗《皇甫岳云溪杂题五首》赠朋友。《鸟鸣涧》即其中的一首，描绘了山间春夜幽静美丽的景色，抒发了诗人对山村闲静、舒适生活的向往。

可以说，这是一首描写山村春色的典范之作，不过，诗中的“人闲桂花落”一句有些令人费解：桂花通常在秋季开放，诗人为什么说它们在春天盛开呢？

八月桂花遍地开

桂花又名岩桂，系中国传统十大名花之一，自古就深受国人喜爱。每年桂花开放季节，繁花满树，香气扑鼻，令人神清气爽。

◆桂花

与许多春天开放的花儿不同，桂花一般是在秋季开放，有一首民歌《八月桂花遍地开》，直观地说明了桂花开放的时间。古往今来，文人墨客笔下的桂花，也大都在秋季开放。如唐代诗人王建在《十五夜望月》写道："中庭地白树栖鸦，冷露无声湿桂花。"这里的"冷露"是深秋寒露时节的露水，时间大概是公历的 10 月上旬，因为温度较低，故称"冷露"。露水大量出现，打湿了院中桂花，因此诗人说"冷露无声湿桂花"。唐代大诗人李白的《送崔十二游天竺寺》一诗，也有"每年海树霜，桂子落秋月"的诗句，意思是每年秋天海边树木挂霜的时候，月宫的桂子就会落在寺中。这里的桂子，显然是指开在"霜降"时节的桂花。宋代词人陈德武在《水龙吟 · 西湖怀古》中写道："十里荷花，三秋桂子。"意思是十里荷花映日娇艳似火，三秋桂子飘香沁人心脾。而宋代诗人方岳的《岩桂花》写得更直接："谁遣秋风开此花，天香来自玉皇家。"将桂花的开放归功于瑟瑟秋风。

桂花何以在秋天开放？

你可能会问：桂花为什么会在秋季开放呢？

原来，这与桂花萌发的气候条件密不可分。桂花喜欢温暖湿润的气候环境：首先，它们生长的最佳气温在15℃～28℃，温度过低或过高，都不利于它们生长繁殖；其次，湿度对桂花的萌发也极为重要，一般要求年降水量在1000毫米左右，年平均湿度75%～85%，特别是桂花开放时需要较多水分，一旦遭遇干旱，就会影响开花。此外，桂花对日照的要求也比较苛刻，一般要求每天有6～8小时的太阳光照，光照太过强烈或阴雨天气过多，都不利于它们生长和开花。所以，在气温较低的冬季、日照太强的夏季，以及阴雨天气较多的春季，桂花一般都不会开放，只有在气温、湿度和日照适中的秋季，它们才会大肆盛开，散发出浓郁的花香。

古代诗人对桂花开花的条件也有描述，如唐代诗人柳宗元的"露密前山桂"，宋代陆游的"重露湿香幽径晓"，都说明在露水多、湿度大的天气条件下，桂花会开得很好。而杨万里的"天将秋气蒸寒馥，月借金波滴小黄"说得更全面：入秋后，当地出现了一段温度较高的时间，这种早晚冷凉、白天燠热的天气，既有利于植物的营养积累，也会促使雨露形成，加速桂花开放。杨万里描写的这种天气，常出现在中秋时节：中秋前后，天气忽然热起来，有时竟像夏季一样，桂花一经蒸郁，便灿灿烂烂地盛开了。

桂花反季节盛开

桂花既然在秋季开放，那王维在《鸟鸣涧》一诗中描写桂花在春天盛开的现象又该如何解释呢？

事实上，桂花反季节盛开的现象，其他诗人也写过，如南宋四名臣之一的李纲，在《季明之子登第戏成小诗并纪岩桂之异》一诗中就写道："怪底春山桂开早，仙籍浮香远相告。"诗中的山桂和题目中的岩桂，便是在春天开花。宋朝诗人陈与义在《雨中观秉仲家月桂》中写道："月桂花上雨，春归一凭栏。"这里的桂花也在春天开放。

即使在今天，桂花反季节盛开也会引起人们的惊讶和不解。如 2021 年 12 月中旬，南京市河西大街、江东中路一带，桂花竞相开放，枝丫上挂满一簇簇淡黄色的小花，一阵清风吹过，桂花香气扑鼻而来，许多市民感到十分奇怪："桂花不是秋天开吗？怎么现在冬天也开放了？”有人甚至怀疑是天气太暖和，使得桂花反季节开花。而在四川省雅安市，还出现过桂花夏季开放的现象哩：有一年夏天，在市郊的一个小区内，十多株桂花在烈日下盛开，散发出淡淡的清香，令居民们又惊又喜。

原来是一种特殊品种

那么，桂花反季节盛开到底是怎么回事呢？原因很简单，不管是王维、李纲等人描写的春桂，还是南京、雅安等地冬夏开放的桂花，它们都属于一种特殊的桂花——四季桂。

四季桂是桂花家族中的一个奇特成员，它既耐旱又耐寒。与其他家族成员相比，四季桂最大的特点是长年开花，即一年四季都可以开花，所以四季桂又被人们称为“月月桂”（月月桂除了是四季桂的别名之外，还是四季桂的品种之一）。不过，四季桂的花香也是众多桂花中最淡的：金桂、银桂、丹桂一般在秋季 9 月或 10 月开放，花量大，香味也十分浓烈，而四季桂即使在下雪天也能开放，不过它的花量较少，香味也淡，有时几乎闻不到花香。

四季桂的每一个花序由 12～20 朵小花组成，初开时呈淡黄色，后变为白色，花期为 5～7 天。花儿凋谢后，桂花树会暂时沉寂一段时间，但到了下个月，枝头又会重新绽放出绚丽的花儿。

所以，我们在弄清了桂花的品种之后，王维所写的“人闲桂花落，夜静春山空”便不足为奇了。

桂花花粉过敏怎么办？

桂花花粉过敏是由桂花花粉中的物质，如油脂、多糖物质等，诱发的Ⅰ型变态反应性疾病，过敏者可能出现过敏性鼻炎、过敏性结膜炎、过敏性皮炎、过敏性哮喘等疾病。所以，对桂花花粉过敏的人，应尽量远离桂花存在的环境，生活中尽可能避免接触桂花花粉，平时还可以准备抗过敏的药物，出现过敏症状时可以应急使用。

墙角数枝梅，凌寒独自开

——梅花为什么在冬季开放

梅　花

［宋］王安石

墙角数枝梅，凌寒独自开。

遥知不是雪，为有暗香来。

这是一首咏梅的诗，大意是：墙角有几枝梅花，此刻正冒着严寒独自盛开。远远看过去，就知道那不是白雪，因为梅花的幽香正悄悄传来。

作者王安石是北宋著名的政治家、思想家、文学家和改革家。宋神宗熙宁二年（公元1069年），王安石被皇帝提拔为参知政事，次年晋升为宰相，主持变法，但因为遭到守旧派反对，熙宁七年王安石被罢相。一年后，宋神宗再次起用王安

◆梅花

石，但不久又将其免职。再次被罢相后，王安石心灰意冷，放弃了改革，退居江宁（今南京）。这首诗便写于诗人隐退期间，此时他内心孤独，处境艰难，看到傲雪凌霜的梅花，心中十分感慨，于是挥毫写下了此诗。

诗的前两句写墙角梅花默默无闻，看似不起眼，但在严寒到来时，却迎霜斗雪，傲然独放。后两句写梅花的幽香，赞美梅花的高洁品格和坚强精神，喻示那些处于艰难环境中依然能坚持操守、主张正义的人。全诗语言朴素，平实内敛，耐人寻味。

从气象角度分析，这首诗也值得细细品味。植物大多在天气温暖的春季开花，梅花为何在寒冷的冬季“凌寒独自开”？它的花瓣为什么不会被冻坏呢？

历史悠久的梅

梅名列中国十大名花之首，与兰、竹、菊一起被称为花中四君子，俗称“梅兰竹菊”。另外，梅还与松、竹一起，被人们称为“岁寒三友”。

作为中国特产花木，梅的栽培历史已有三千多年。早在西汉时期，梅花便深得人们喜爱。据《西京杂记》记载：“初修上林苑，群臣远方各献名果异树”，其中就有朱梅。而西汉文学家扬雄也在《蜀都赋》中写道：“被以樱梅，树以木兰。”说明当时的蜀地（今四川地区）已经把梅和樱、木兰一起作为园林观赏植物并且大量种植了。

到了南北朝时期，人们对梅的喜爱进一步升级，而梅也被赋予了坚强、高雅等寓意。相传，北魏大臣陆凯与南朝著名文学家范晔交好，但由于南朝和北朝处于敌对状态，两人不能见面，只能以书信来往。一天，范晔收到了陆凯寄来的一封书信，拆开一看，里面赫然夹着一枝梅花，另外还附有一首诗：“折梅逢驿使，寄与陇头人。江南无所有，聊赠一枝春。”全诗寥寥二十字，看似平淡无奇，却意蕴深远，表达了陆凯对南方好友的思念和景仰，令范晔十分感动。这件事传出去后，南北两方的文人都赞叹不已。后人干脆以“一枝春”作为梅花的代称，并常用作咏梅和别后相思的典故。

寒冬时节尽情绽放

梅花的突出特点是能傲霜斗雪，在大雪纷飞的冬天里开放。这个时节，寒风呼啸，白雪皑皑，但梅花不惧严寒，悄然开放。身处梅园，放眼望去，不同品种的梅花争奇斗艳、五彩缤纷：红色的如烈焰席卷，艳丽娇媚；白色的洁白无瑕，堪比冰雪；绿色的如盘中玉石，碧绿晶莹……一树梅花就是一道绝美风景，而一片梅林则是一方人间仙境。

因为在严寒时节开放，为荒凉萧瑟的寒冬增添了几许春意，所以，梅花自古以来便深受文人墨客的喜爱和赞颂。宋代诗人辛弃疾称赞梅花“更无花态度，全有雪精神”，意思是说它毫无花儿柔媚娇艳的姿态，洁白雅淡全然是傲雪耐寒的精神。元代的王冕盛赞梅花“冰雪林中著此身，不同桃李混芳尘”，意思是梅生长在冰天雪地的寒冬，傲然开放，不与桃李相混同。毛泽东也对梅花赞誉有加，他在《卜算子·咏梅》一词中写道：“已是悬崖百丈冰，犹有花枝俏。”意思是说，此时正是悬崖结下百丈冰柱的时节，但仍然有梅花在俏丽竞放，借此来赞美英勇不屈的中国人民。

梅花为什么耐寒？

你可能会觉得奇怪：梅花为什么不惧严寒呢？

事实上，梅是一种喜欢温暖气候的植物，梅生长的最佳温度是 16℃ ~23℃，可以说，这是许多花卉植物都喜欢的温度。不过，或许是因为生长的地方气候变化无常，所以梅在长期的进化过程中，拥有了一定的耐寒能力，一般的梅能抵抗 −10℃的低温，而梅的一个特殊品种——杏梅甚至能在 −25℃的低温环境中生长。

适宜梅开花的温度却并不低。开花期间，它们对温度十分敏感：花期来临前，如果遇到骤然降温，但气温下降得特别厉害，它们就会把开花时间后延；花儿盛开期间，如果遭遇低温阴雨天气，它们还会休眠，把花期延长一段时间。

与春天开的花儿不同，梅花十分耐寒，它们不会因为一场凄风冷雨便一蹶不振，萎靡凋谢。严寒过后，梅花仍然傲立枝头，尽情绽放。而梅花之所以能够御寒，与花瓣的构造不无关系：花瓣上有一层特殊的蜡质，这就好比给花儿穿了一件厚厚的外衣，可以帮助花儿抵御严寒。另外，梅的枝干较为细腻紧实，一方面能够储藏水分，为梅花的开放提供基本保障，另一方面可以减少水分蒸发，从而增强梅花的御寒性。

梅花香自苦寒来

梅的花期一般在气温较低的冬季或早春，花期可持续一个月左右。不过，如果没有低温的“冷冻”过程，梅是不开花的，因为它有一个最基本的生理需求，就是要经过一定阶段的低温过程，才能形成花芽，正所谓：“宝剑锋从磨砺出，梅花香自苦寒来。”

从气象因素来分析，梅之所以在冬天开花，主要有两个方面的原因：第一，气温。梅具有一定的耐寒能力，最适宜的开花温度一般是 −5℃ ~7℃，这正是南方冬季的气温，此时梅的叶子全部凋谢，花儿争相绽放枝头，但春季天气一回暖，花朵便会迅速凋谢。第二，光照。梅是一种短日照植物，只有光照时间短于 12 个小时，才能生长和开花，而冬天正好昼短夜长，光照时间短，所以这个时候很适宜梅花开放。

综上所述，梅花“凌寒独自开”是由其生长习性决定的，不过，由于它在冬季的苦寒中开放，给人间带来了缤纷色彩和美好憧憬，所以被人们赋予了坚强、孤傲、高雅的象征意义，并被用来比喻坚强、勇敢的人。

观赏梅花应注意什么？

第一，要提前了解天气情况，根据未来的天气情况选择合适的赏梅时间。第二，要注意保暖，梅花大多生长在山区，气温比城市要低一些，所以要注意保暖。第三，要带上雨具，山区天气多变，防止中途出现下雨、下雪等情况。第四，梅生长的山坡大多陡峭难走，要事先换上适宜徒步的服装和鞋子，方便行走和登山，切记不可穿高跟鞋去赏梅，以免扭伤。

人间四月芳菲尽，山寺桃花始盛开

——细说“一山有四季，十里不同天”

大林寺桃花

［唐］白居易

人间四月芳菲尽，山寺桃花始盛开。

长恨春归无觅处，不知转入此中来。

全诗大意是：四月，山下的百花已经凋谢了，然而山上古寺的桃花才刚刚盛开。过去我常常为春光逝去、无处寻觅感到惋惜，现在在这里重新遇到春景，忽然发现春天原来转到这深山古寺中来了。

白居易是中国历史上非常有才华的一位诗人，不过，由于为人正派，刚正不阿，他的仕途并不顺利。这首诗写于唐宪宗元和十二年（公元 817 年）四月，当时白居易 45 岁，被贬为

◆白居易画像

江州（今江西九江）司马，心情十分低落。正是在这种情况下，他和一群友人来到庐山大林寺游玩，并写下了这首脍炙人口的绝句。

诗的首句“人间四月芳菲尽”，明确交代了诗人登山的时间是四月——这里的四月是农历四月，为夏季开始的第一个月，也叫作孟夏。这个季节，山下的平原地区早已温度蹿升，万物竞长，呈现出生机蓬勃的初夏景象。次句“山寺桃花始盛开”，写诗人看到山寺的桃花刚刚盛开，粉红色的花瓣挂满枝头，完全是春色满园的早春景象。山上春天，山下夏天，这种截然不同的景象可谓十分奇异，难怪诗人发出了“长恨春归无觅处，不知转入此中来”的感慨。

纵览全诗，最精彩的是开头部分，“人间四月芳菲尽，山寺桃花始盛开”，短短十四个字，诗人便描绘出山上山下两重天的景象。你可能会问：大林寺的桃花为何比山下开得迟？山上与山下为什么会呈现出不一样的景象呢？

人间四月芳菲尽

首先，让我们来看看桃花开放的气象条件。

桃树是一种喜光果树，一般在早春开花，其花期主要受气温、日照、降水等气象条件影响。其中，气温对桃树开花影响最大：气温越高，开花越早。早春时节，如果连续多日平均气温在 10℃以上，桃花花苞便会开始绽放，若气温上升到 15℃左右，桃花就会全部盛开。这个时期一般可持续 15 天左右，若气温继续上升，桃花便会慢慢凋谢，随后进入惜花期。

九江地处长江中下游南岸，庐山北麓，鄱阳湖畔，属亚热带湿润季风气候，这里春季回暖较早。据 1971—2000 年的气象观测资料统计，九江 3 月平均气温达 10.2℃，由于已经能够满足桃树开花的条件，此时平原地区桃花开始开放，一片灿烂。到了 4 月，九江的平均气温攀升至 16.6℃，超过了桃树开花的适宜温度，此时桃花开始凋谢，而一些花期较迟的植物则迎来了花期。5 月（也就是白居易诗中所说的“四月”），九江的平均气温高达 21.7℃，最高气温甚至达到 30℃。因为温度蹿升，烈日炎炎，此时桃树已经开始结出果实，而其他花儿也全部凋谢，所以，白居易在诗中，用“人间四月芳菲尽”来形容平原地区的初夏景象。

山上气温比山下低

我们来看看庐山大林寺一带的气温。

庐山，又名匡山、匡庐，以雄、奇、险、秀闻名于世，素有“匡庐奇秀甲天下”之美誉。大林寺位于庐山大林峰，4 世纪时由一个叫昙诜的僧人创建，除了修建寺院，他还在寺周围种植了许多花木果树，这其中便包括桃树。据白居易《游大林寺序》载：“大林穷远，人迹罕到。环寺多清流苍石，短松瘦竹。”可见，这个地方鲜有人至，而白居易也是第一次到此游玩。

庐山的最高峰海拔达 1473.8 米，而最低的地方（即山脚）海拔仅 25 米，山顶比山脚高了足足 1400 多米。大林寺所在的大林峰并不是庐山最高峰，其海拔高度为 1035 米，也比山脚高了 1000 多米。住在山区或爬过山的人都知道，山上比山下冷，而且山越高，山上的气温越低，山上与山下的温差也越大。气象专家通过观测，发现了一个现象：在海拔 12 千米以下的对流层内，气温随高度的升高而降低，一般每增高 100 米，气温约下降 0.6℃。按照这个规律计算，大林寺一带的气温，至少比山下低了 6℃。

你可能会说：山上比山下低 6℃，桃花也不至于“四月”才开呀！没错，如果用山下 4 月的平均气温 16.6℃，减去相差的 6℃，大林寺一带的气温也有 10.6℃。按照桃花开放的气温条件，山寺桃花 4 月就会开放，可它们为什么 5 月才开呢？

阴雨和云雾的影响

咱们来看看庐山的气候背景。

庐山耸峙于长江中下游平原与鄱阳湖畔，四面江环湖绕，

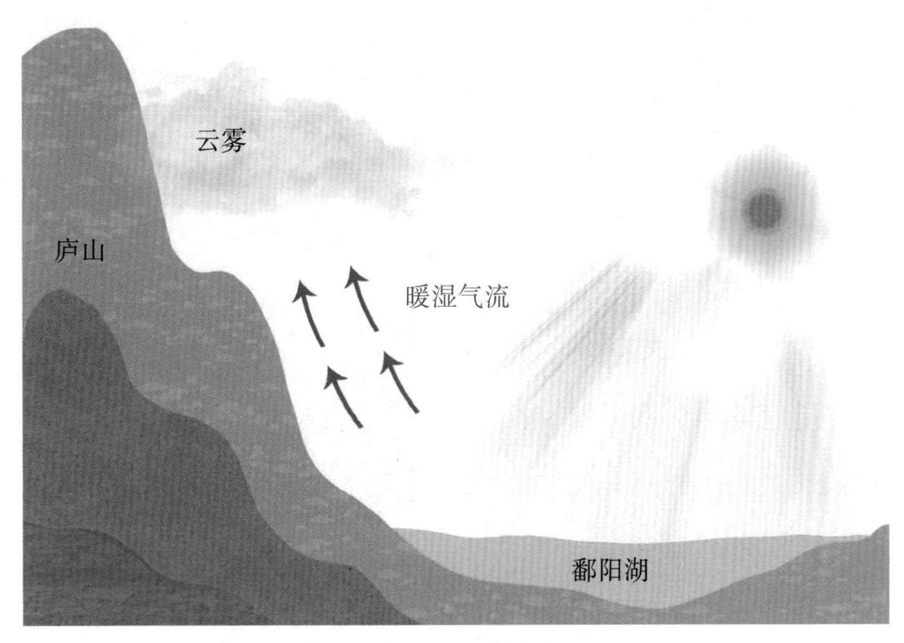

◆庐山云雾成因图

在太阳的照射下，水面蒸发形成大量水汽，所以庐山脚下一带的空气十分湿润。这些暖湿气流形成后，在前进途中受到庐山高大的山形阻挡，被迫向上抬升，因为山上温度比山下低，所以暖湿气流便会凝结形成云雾，有时甚至会形成壮观的云海，层层叠叠，波涛奔涌，美不胜收。据气象观测资料统计，庐山一年 365 天中，高达 192 天有雾。云雾多，下雨的时间自然也长，庐山的年平均雨日高达 168 天。由于云雾经常遮挡阳光，再加上雨水多、湿度大，山上的实际气温比山下更低。这种温差在夏天尤其明显：盛夏季节，山下的鄱阳湖常烈日炎炎，最高气温超过 39℃，而山上夏季平均气温只有 22.6℃左右，所以庐山自古以来便是人们的避暑胜地。

综上所述，大林寺一带的平均气温在 4 月难以达到 10.6℃，只有到了 5 月，气温进一步升高，达到桃树开花的温度，大林寺的桃花才会开放。所以说，除了海拔高度造成的温度差异外，云雾和雨水等天气因素的影响，也是山上桃花迟开的一个原因。

◆庐山云雾

一山有四季，十里不同天

“人间四月芳菲尽，山寺桃花始盛开”这种现象，不仅仅出现在庐山，在别的山区也会出现，特别是在一些海拔更高的大山，还会出现“一山有四季，十里不同天”的景象呢。

中国工农红军长征徒步翻越的第一座大雪山——夹金山，便是这样的一座大山。夹金山位于四川省小金县与宝兴县之间，主峰海拔接近 5000 米，那里从山脚到山顶间的气候、地貌和植被各不相同：盛夏时节，山脚下的气温常高达 30℃，林木葳蕤，杂草丛生，酷似南国盛夏景色；山腰一带繁花烂漫，阳光明媚，山岩间几株野山桃开出粉红色花朵，使人恍如置身于春天之中；再往上气温越来越低，特别是进入冷杉林带后，便会给人一种暮秋的感觉，偶尔一阵“秋风”拂来，使人周身顿起寒意；走进冷杉林带，眼前是白雪皑皑的雪峰，7月平均气温仅十多摄氏度，完全是一派冬天的景象。

夹金山之所以呈现“一山有四季，十里不同天”的奇特景象，完全是海拔高度一手“操办”的：夹金山海拔很高，从山脚向上气温逐渐降低，到山顶一带时，气温比山脚低了二十多摄氏度，因此这里被划分成了四季之山，又因为受不同的光热影响，山上的植被和自然景观也就相应地按照春夏秋冬四个季节来生长了。

山区旅游需注意什么？

气象专家告诉我们，去庐山、夹金山这样“一山有四季，十里不同天”的大山旅游或爬山时，须注意以下几方面：一是注意保暖，由于山上和山下温差较大，所以要多带一些保暖衣物；二是注意避雨，由于湿润气流抬升，山上降雨较多，应带上雨具；三是注意防雷，夏季山里突发性的雷暴随时可能出现，再加上云层距山顶很近，所以雷雨来临时应赶紧下山，切勿站在山顶或地势较高的地方。

春水满四泽，夏云多奇峰

——漫谈一年四季的气候特征

四　时

［东晋］陶渊明

春水满四泽，夏云多奇峰。

秋月扬明晖，冬岭秀寒松。

这首诗的大意是：春季，雨水淅淅沥沥，溢满了田野和水泽。夏季，天空的云变幻莫测，千姿百态，如奇异的山峰高高耸起。秋季，明月朗照，一切景物都蒙上了迷离的色彩。冬日，山岭上的松树青郁苍翠，在严寒中展现出勃勃生机。

陶渊明是东晋时期伟大的田园诗人、辞赋家，被称为“古今隐逸诗人之宗”。他担任过江州祭酒、建威参军等官职，最后一次出仕为彭泽县令，不过80多天便弃职而去，从此归隐田园，边种庄稼边写诗，过起了逍遥自在的田园生活。《四时》便写于他归隐田园期间。

诗的题目“四时”，开篇即点明了诗的内容是写一年四季。四句诗中每一句代表一个季节。在这里，诗人仅用了寥寥 20 个字，通过对“春水”“夏云”“秋月”“冬松”的描写，勾勒出四幅生动活泼的季节画面，读来令人拍案叫绝。

不过，你知道诗人为什么选取“水”“云”“月”“松”分别来代表春、夏、秋、冬吗？

春水满四泽

“春”代表温暖、生长，春季一到，北半球受到越来越多的太阳光直射，气温开始升高，万物随阳气上升而逐渐复苏：植物萌芽生长，树叶吐青，鲜花怒放，冬眠动物苏醒，越冬鸟类迁徙，因此春季也被人们称为“万物复苏的季节”。

从气象角度来说，我国属季风气候区，春季正是冬、夏季风交替转换时期，北方冷空气和南方暖湿气流此消彼长，互不相让。在南方地区，西南暖湿气流此时已经积攒了一定势力，但北方冷空气不甘示弱，隔三岔五便会南下，两者交汇，激烈交锋，因而常形成阴雨天气。所以，春季我国南方地区常阴雨绵绵，而北方大部分地区则少雨干旱。

春雨，可以说是春季最显著的气候特征之一。古往今来，文人墨客对春雨可谓钟爱有加，描写春雨的诗句层出不穷，如

“好雨知时节，当春乃发生”“春雨细如尘，楼外柳丝黄湿”“风雨送春归，飞雪迎春到”等等。春雨虽然淅淅沥沥，强度不大，但持续时间较长，特别是江南一带，春雨绵绵，无穷无尽。大量雨水降落下来，沟渠渐渐涨满了水，也滋润了辽阔的田野。

身处南方的诗人陶渊明自然也注意到了这处处流淌的春水，在他心中，春水充满生机，充满灵气，在南国春景中的地位无与伦比，所以，他在《四时》一诗中，用了“春水润四泽”来指代春天。

夏云多奇峰

夏季，是一年四季中的第二个季节，从立夏起至立秋结束。这个季节，因为北半球受太阳照射时间长，所以，夏季最显著的气候特征便是高温。

夏日炎炎，酷暑难耐，令人心生厌惧。此时，充足的光照和适宜的温度给植物生长提供了所需条件，草木疯狂生长，虽然到处葱郁一片，但景色难免有些单调。于是，诗人陶渊明将目光投向了天空。夏天的天气变化无常，时而晴空朗朗，时而骤雨忽至，而作为天气招牌的云更是变幻莫测，它们时而颓然凝聚，时而奔走飘散，时而霞彩满天，千姿百态，令人目不暇接。

夏季天空常出现的云，气象上称为积状云。积状云是垂

◆淡积云

◆浓积云

直发展的云块，包括三种类型：一是**淡积云**。淡积云是晴天常见的一种云，云块孤立分散，底部较为平坦，顶部呈圆弧形凸起，像一个个小土包，在阳光下呈白色，厚的云块中部有淡影。二是**浓积云**。一般由淡积云发展而成，云体高大，个体臃肿、高耸，在阳光下，边缘白而明亮，远看像耸立的高塔，云顶部常呈重叠的圆弧形凸起，形似花椰菜。三是**积雨云**。云体浓厚庞大，垂直发展极其旺盛，远看很像耸立的高山，云底阴暗混乱，起伏明显，有时呈悬球状结构。

我们不难看出：陶渊明诗中所写的“夏云”正是积状云，特别是其中的浓积云和积雨云，它们在夏季炎热多雨的南方地区时常出现，给人一种震撼的视觉冲击，所以诗人用“夏云多奇峰”代表夏天再合适不过了。

◆积雨云

秋月扬明晖

秋季，传统上是以“立秋”作为起点。进入秋季，意味着降水减少、湿度趋于下降，天气由热转凉，万物随寒气增长逐渐萧条。

每到秋季的9—10月，我国长江中下游地区便会迎来一段秋高气爽的好天气：天空万里无云，阳光轻柔，凉风习习，舒适宜人。之所以会出现秋高气爽的天气，主要原因有三个：第一，季节由夏入秋后，随着正午太阳直射的角度由大变小，地面接收的太阳光热逐渐减少。第二，进入9月后，北方冷空气势力增强，频频南下，而南方暖湿空气则明显减弱，在强大的

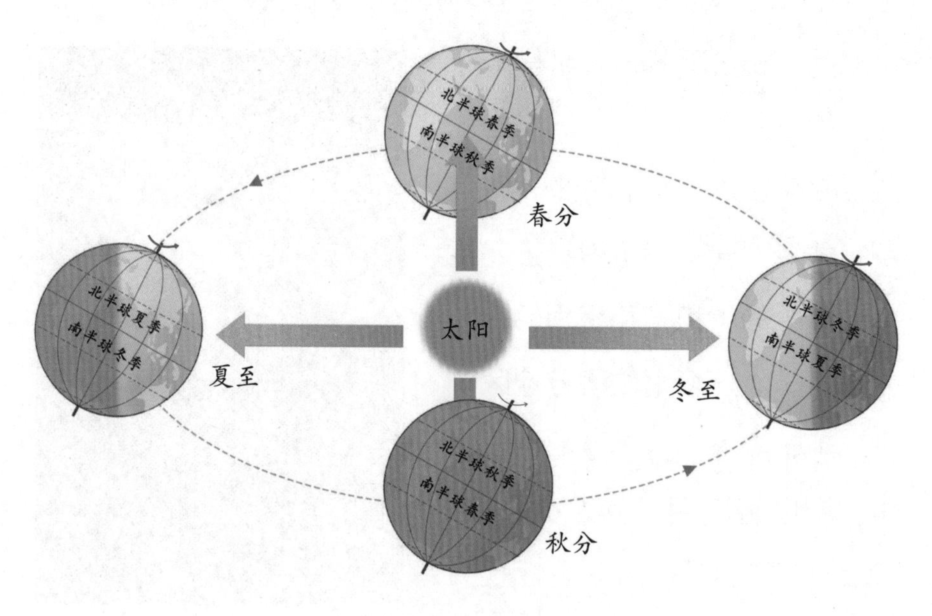

◆四季变化与地球公转示意图

冷空气大军进攻下，暖湿空气节节败退，被迫“远走他乡”。第三，暖湿空气被赶走后，大量冷空气涌入长江中下游地区，在此堆积形成了一个巨大的气团——冷高压。在它的控制下，空气变得比较干燥，不利于云和雨的形成，所以长江中下游便出现了万里无云的晴好天气。

这种秋高气爽的好天气，在夜间尤其令人心旷神怡，情绪大好。夜色降临，一轮明月挂在万里无云的天幕上，月光普照，清辉流淌，仿佛涂抹了一层迷离的色彩。这种美丽的秋月景致，在陶渊明看来自然是秋天的首选代表，所以，他用“秋月扬明辉”来指代秋季也就不足为奇了。

冬岭秀寒松

冬，即“终也、万物收藏也”。立冬之后，随着正午太阳直射角度变小，白昼时间缩短，北半球获得的太阳辐射量越来越少，万物会进入休养生息的状态，植物落叶，动物休眠，候鸟会飞到较为温暖的地方越冬，大地因此变得沉寂和冷清起来。

我国幅员辽阔，冬季南北地区的气候差异明显。北方，冬季受蒙古—西伯利亚冷高压的影响，经常有冷空气南下形成寒潮，导致气温大幅下降，到处冰天雪地；南方，因为受到来自海洋的暖湿气流影响，天气大多数时间比较温和，气温大都在0℃以上。不过，因为南方空气潮湿，气温下降后，人体很容易散失热量，所以呈现出湿冷的特点——这种寒冷的感觉，有时比北方还要强烈，因此北方人到南方后会很不适应。

在这种湿冷的环境中，许多植物萎靡不振，唯有青松依然生机勃勃，它们在冬季荒凉萧瑟的环境中毫不气馁，郁郁葱葱，因此自古以来便受到人们的歌颂和赞美。诗人陶渊明显然也被松的这种精神感染，所以用“冬岭秀寒松”来指代冬季。

总体来看，诗人所写的“春水”“夏云”“秋月”“冬松”，无一不是形象、真实的景物，正是通过这些富有典型意义的景物，我们体味到了四季的不同精神气质，感受到了一种积极向上的人生态度。

四季养生应注意什么？

春季天气忽冷忽热，反复无常，要遵循“春捂秋冻”原则，注意保暖，不宜大量削减冬衣。饮食方面应戒辛辣，少吃油腻之物，多吃新鲜的蔬菜水果。

夏季气温高，天气炎热，要防止中暑。另外，人体出汗多，胃口差，饮食要以清淡为主，多吃水果，多饮水。

秋季气候干燥，温差不定，忌暴饮暴食，防止摄入过多的热量，导致身体发胖。

冬季气候寒冷，要注意保暖，合理调整饮食，保证热量的摄入。

冬雷震震，夏雨雪

——不可思议的极端天气

上　邪

［汉］佚名

上邪！

我欲与君相知，

长命无绝衰。

山无陵，

江水为竭。

冬雷震震，

夏雨雪。

天地合，

乃敢与君绝。

这是汉乐府民歌《铙歌》中的一首情歌，表达了一位女子对心上人生死不渝的爱情。翻译成现代文就是：上天哪！我渴望与你相知相惜，长存此心永不褪减。除非巍巍群山消逝不见，滔滔江水干涸枯竭，凛凛寒冬雷声翻滚，炎炎酷暑白雪纷飞，天地相连，我才肯与你决绝分开。

佚名，亦称无名氏，是指身份不明或者尚未了解作者姓名。在古代，不知由谁创作的文学、音乐作品，一般都会冠以“佚名”。《上邪》极富浪漫主义色彩，在诗歌中，女主人公设想了三组奇特的自然景观作为“与君绝”的条件：“山无陵，江水为竭”——山河消失了；“冬雷震震，夏雨雪”——四季颠倒了；“天地合”——天和地合在一起了。可以说，这些设想一件比一件荒谬，一件比一件离奇，根本不可能出现。正因为如此，“与君绝”才不可能发生。这种独特的抒情方式，把主人公至死不渝的感情表达得淋漓尽致，给人一种难以言说的震撼感。

不过，从气象角度分析，“冬雷震震，夏雨雪”这两种现象并非不可能发生。

两种常见的自然现象

打雷和下雪，是两种十分常见的自然现象。

雷电一般出现在夏季，这是因为夏季受来自海洋的暖湿气流影响，空气十分潮湿，同时太阳辐射强烈，近地面空气不断受热上升，在上层冷空气下沉的影响下，极易形成强烈的上下对流，从而生成雷雨云，出现雷雨天气。在冬季，由于受大陆冷气团控制，空气寒冷干燥，加之太阳辐射弱，空气不易形成上下对流，很难形成雷雨云，也就很难产生雷阵雨。

与打雷相反，下雪则主要发生在冬季。我们都知道，雪是从云中降落到地面的固体降水，下雪与下雨的原理相同，不同之处是，下雪要求云中的温度比较低，这样小水滴才能变成冰晶，从而形成雪花落到地面，所以下雪大都发生在冬季。夏天云层温度较高，小水滴难以凝结成冰晶，再加上近地面气温也高，即使有冰晶降落下来，也会被融化成雨水，所以夏天很难出现下雪的现象。

那么，“冬雷震震”和“夏雨雪”真的不会出现吗？

“冬雷震震”的真相

气象学上，“冬雷震震”被称为“冬打雷”或“雷打冬”，简称“冬雷”。气象专家告诉我们，在冬天，如果天气忽冷忽热，反复不定，便很有可能发生“冬打雷”。这种现象一般出现在气候异常的年份：立冬之后，若暖湿空气还盘踞在当地不

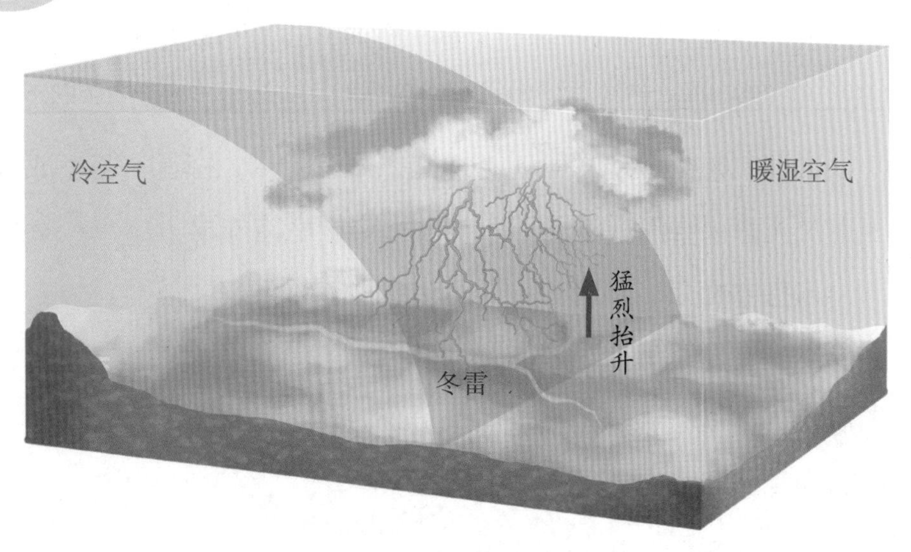

◆冬雷震震原理图

肯退去，天气偏暖，气温较高，这时如果有北方强冷空气南下，冷暖空气交汇，密度较小的暖湿空气受到猛烈抬升，就会形成强烈的对流，从而出现打雷闪电的现象。

“冬打雷”现象虽然罕见，但在许多地方都发生过。如2009年11月的一天，河南省郑州市下起了入冬的第一场大雪，半夜时分，市民们被一阵“轰隆隆”的雷声惊醒，开始谁都不敢相信这是雷声，直到看见天空出现了闪电，才确信真的打雷了。

我国民间通过对“冬打雷”现象的长期观察，总结出了一条规律：冬天打雷，雷打雪。意思是说，冬天打雷，说明水汽充沛，空气湿度大，容易形成雨雪天气。另外，民间还有一个说法：雷打冬，十个牛栏九个空。意思是说，冬天打雷，说明暖湿空气活跃，而冷空气也很强烈，在两者影响下，当地冰雪比较多，再加上空气潮湿，天气十分阴冷，连牛都可能会被冻死。

“夏雨雪”的成因

“夏雨雪”，即夏天下雪。

气象专家指出，这是一种反常的天气现象，多半是夏季高空强冷空气入侵造成的。在气候异常的年份，北方强冷空气突然南下，使局部地区气温下降至0℃以下，再加上近地面有暖湿空气上升，冷暖空气交锋，产生固体降水（即雪花），它们飘落到地面，便形成了短暂的“夏雨雪”天气。

“夏雨雪”在中国许多地方都出现过。1987 年 8 月的一天下午，上海市遭遇了一场不期而至的降雪天气，此时正是当地

◆ “夏雨雪”成因示意图

最为炎热的时候，然而，纷纷扬扬的雪花不但消除了炎热，还让人们不得不穿上了厚厚的御寒衣服。2005 年 7 月 30 日中午，南京市秦淮区忽然刮起了一阵狂风，之后天空飘起了雪花，惊得当地人目瞪口呆。2006 年 8 月的一天，深圳市下了一场大雨，雨中夹杂着纷纷扬扬的飞雪，可谓名副其实的“夏雨雪”。

什么是极端天气

“冬雷震震”和“夏雨雪”发生的概率都很小，有的地方十来年才会发生一次，而有的地方可能永远都不会发生，气象专家称它们为极端天气。

极端天气，指某地区在一定时间内出现的历史上罕见的气象事件，包括狂风、暴雨、暴雪、龙卷风、冰雹、雷暴、台风、强寒潮、沙尘暴、大雾、高温、干旱等。这些天气发生的概率一般很小，不过，这些小概率事件不出现便罢，一出现就会造成很大的社会影响，甚至给人类带来严重灾害。

极端天气有三个显著特点：一是不可预测性，大多数极端天气事件比较罕见，动辄便是几十年或上百年一遇，因此人类目前的科学技术很难对它们进行准确预测；二是突发性，极端天气大多发生突然，令人防不胜防，所以容易造成很大的社会影响；三是灾害性，不少极端天气都会给人类带来巨大灾害，比如百年一遇的洪水、40℃以上的高温、持续数月的干旱，以及强沙尘暴、猛烈暴风雪等等。

如何应对极端天气？

我们该如何应对极端天气呢？气象专家告诉我们，首先，要经常关注天气预报，了解天气信息。其次，要加强学习防灾避险的知识，平时多读一些防灾避险科普书，掌握全面的防灾避险知识，懂得在极端恶劣天气出现时如何自救和相互救助。最后，要加强防灾避险演练，除了学校组织的演练外，家庭也可以组织演练，只有熟练掌握各种防灾避险本领，才能在极端天气来临时巧妙应对。

东边日出西边雨，道是无晴却有晴

——解析“淘气鬼”对流雨

竹枝词

［唐］刘禹锡

杨柳青青江水平，闻郎江上踏歌声。

东边日出西边雨，道是无晴却有晴。

这是一首描写爱情的诗，写了一个江边少女听到歌声时产生的心理活动，大意是：岸边杨柳青青，江水平静，忽然江上舟中传来青年男子的歌声；东边太阳出来了，西边却在下雨，说不是晴天吧，却又明明是晴天。

《竹枝词》本是古代四川东部的一种民歌，诗人刘禹锡任夔州（今重庆奉节）刺史时，觉得非常优美动听，于是，他将这种民歌引入诗歌创作中，一连写了多首《竹枝词》，这首便

是其中之一。

首句中的“杨柳青青”，点明此时是春季，这个季节虽然杨柳吐新，树叶青青，但正是冷暖空气交汇的时候，天气多变，忽雨忽晴，忽冷忽热，这为下文少女心情的变化做了铺垫。“闻郎江上踏歌声”，这里的“江”指长江，由于江面宽阔，小舟离得较远，所以少女看不到人，只能远远听到他唱歌的声音。“东边日出西边雨，道是无晴却有晴”，这两句看似写景，实则抒情，“东边日出”对应“有晴”，“西边雨”对应“无晴”——在这里，“晴”和“情”谐音，“有晴”即“有情”，“无晴”即“无情”，把少女听到青年唱歌时既欣喜又担忧、既憧憬又迷茫的复杂心情表现得淋漓尽致。

“淘气鬼”对流雨

东边日出，西边下雨，这种奇特的自然景象其实是由一种叫对流雨的天气“导演”形成的。

对流雨也叫对流性降水，是大气对流运动引起的一种降水现象。我们都知道，白天太阳照射下，地面吸收的辐射热量远远高于大气层，所以地面温度往往较高，尤其是夏天升温更为明显。地面温度高，靠近地表的空气因为热传导作用，温度也会相应升高，气体的体积必然膨胀，相应地，密度减小，压强随之降低，所以靠近地面的空气就会向高处爬升。但是，它上方的空气层因为受热不多，温度较低，密度相对较大，所以

◆对流雨形成原理图

会下沉。这种冷热空气上下流动的现象，气象学上称为对流运动。这有点儿像咱们用大铁锅烧水一样，锅底的水受热后往上冒，而锅面的冷水则会向下沉，冷热水最终会交汇在一起。

热空气升呀升，越往高处，气温越低，当它上升到一定高度时，里面的水汽因为遇冷凝结，很快会形成云，最后变成雨点落下来，这就是对流雨。这种雨多发生在夏季酷热的午后，降水时间较短，通常只有几十分钟，有时甚至几分钟就匆匆收尾，像极了一个喜欢搞恶作剧的淘气鬼。

半遮半掩的积雨云

对流雨主要产生于积雨云中。积雨云是一种积状云。夏季的天空中，刚开始对流较弱，形成的云叫作淡积云，之后随着对流加强，云顶继续向高空发展，云体明显变高变大，远看像花椰菜，这时的云叫作浓积云。当对流发展到最旺盛时期，云体像山峰一样耸立在空中，云底阴暗混乱，起伏明显，有时呈悬球状结构，这就是对流最旺盛时期形成的积雨云。

根据所处的阶段不同，积雨云又可分为秃积雨云和鬃积雨云：**秃积雨云**是浓积云发展到鬃积雨云的过渡阶段，此时花椰菜形的轮廓渐渐变得模糊，顶部开始冻结，形成白色毛丝般的冰晶结构，秃积雨云便形成了；当云顶花椰菜状消失并趋向平展，形成铁砧状，这便是积雨云的最高阶段——**鬃积雨云**。

◆秃积雨云

◆鬃积雨云

夏季，由热力对流作用形成的积雨云块头看似庞大，但覆盖的范围并不广，不管是秃积雨云还是鬃积雨云，一般只能覆盖一小片天空，降水区域也比较小，所以常常会出现“东边日出西边雨”的情形。

夏雨隔牛背，鸟湿半边翅

因为对流雨的范围很小，所以人们常用“夏雨隔牛背，鸟湿半边翅”来形容这种同一地区内，一边下着雨另一边却是阳光明媚的情况，有人干脆叫它“**牛背雨**”。牛背雨常出现在山区，有时同一座山，山这边乌云滚滚、风狂雨猛，山那边却艳阳高照、风和日丽。

《竹枝词》民歌的发源地夔州，属四川盆地东部，为山地地貌，长江横贯中部，境内山峦起伏，沟壑纵横，夏季经常会出现牛背雨。尽管诗中描写的季节是春季，但在春末天气晴好时，若近地层水汽充沛，空气湿度很大，在太阳照射下也会形

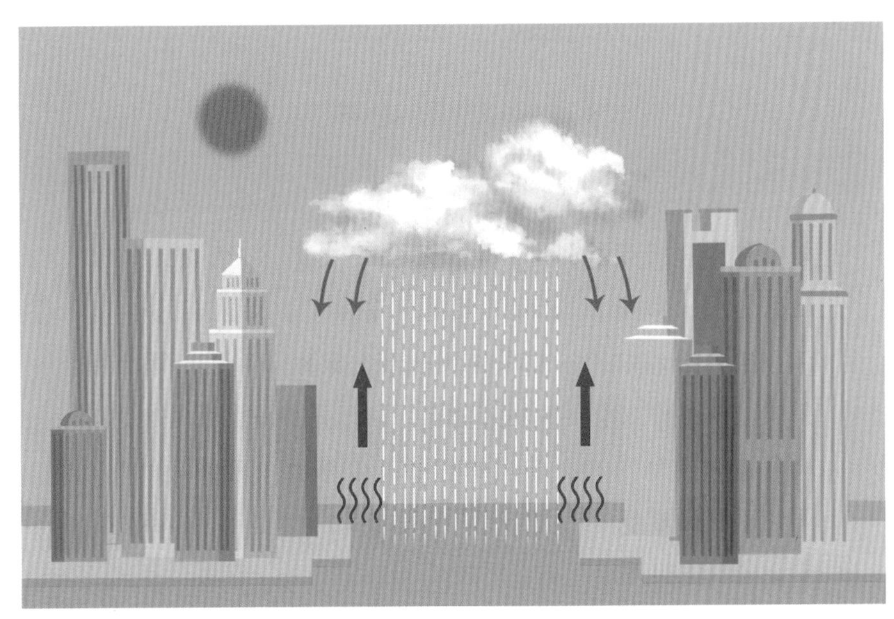

◆牛背雨形成原理图

成牛背雨。诗人刘禹锡在夔州生活多年，对这种雨非常熟悉，因此他信手拈来，一句“东边日出西边雨”，可以说用天气把少女的心理活动表现得十分传神。

牛背雨不止出现在山区，现在随着城市里高楼大厦越来越多，平原地区的城市中也经常会出现牛背雨：有时我们从大街上走过，会遇到一边大雨倾盆，另一边却滴雨未下的情景。城市中为什么会出现牛背雨呢？原来，这是地面受热不均造成的，城市里面的楼房很多，再加上地面全是水泥路，在太阳照射下，近地层空气升温较快，但由于高楼大厦阻挡，这些热空气不易向四周扩散，只能在狭小空间内向上爬升，当它们与上层的较冷空气相遇产生对流时，牛背雨便形成了。

如何防范对流雨？

对流雨来临前常有大风，强风甚至可拔起半米粗的大树，并伴有闪电和雷鸣，有时还会下冰雹。如何防范对流雨呢？第一，要关注天气预报，注意带上雨具防雨。第二，学会看云识天，如果看到乌云（积雨云）迅速蔓延到头顶，要赶紧找安全的地方避雨。第三，要注意防御大风，避免被大风刮断的树枝或吹落的花盆等砸中身体。第四，要注意防御雷电，打雷下雨时不要站在大树下，要尽快到安全的地方躲避。

过江千尺浪，入竹万竿斜

——解读风的成因及威力

风

［唐］李峤

解落三秋叶，能开二月花。

过江千尺浪，入竹万竿斜。

这是一首描写风的诗，大意是：秋天的风，能吹落金黄色的树叶，春天的风，能吹开二月美丽的花儿；当风刮过江面，能掀起千尺高的巨浪，风吹进竹林，能使万竿竹子倾斜。

作者李峤是唐朝武后、中宗时期的文坛领袖，以文辞著称。他曾作杂咏诗 120 首，分为乾象、坤仪、芳草、嘉树、灵禽、祥兽等 12 大类，各以一字为题，又称“单题诗”，一诗咏一物。这首《风》即其中之一。

这首诗的妙处在于写风，但全诗除题目外，却不见“风”字。诗作的前两句“解落三秋叶，能开二月花”，主要写风的季节功能。这里诗人之所以没有写冬风和夏风，而只写了秋风和春风，是因为这两个季节的风对比十分鲜明：秋风能让树叶尽落、百花凋零，春风却可以使枝叶吐新、百花绽放，一个“落”字，一个“开”字，尽显诗的韵味。后两句“过江千尺浪，入竹万竿斜”，写风所到之处的不同景象。在这里，诗人用了“千尺浪”和“万竿斜”来形容风刮过江面和竹林的情景，画面感十足，令人产生无穷遐想。

读罢全诗，你的头脑中可能会产生诸多疑问：风是如何形成的？它的威力到底有多大呢？

风的成因

起风了！微风拂过湖面，荡起水波，让人感觉到它的温柔；大风推动大树，摇摆枝叶，让人感受到它的力量；狂风掀起巨浪，掀翻船只，让人感觉到它的狂暴。

风是由空气流动引起的一种自然现象，科学研究发现，所有的风都是由太阳辐射热引起的。众所周知，地球上的热来自太阳。在太阳光的照射下，地球可以吸收太阳发出的热和光线，不过，各处吸收的热千差万别。比如，赤道附近的太阳光照最强，而南极和北极的光照却很弱。就一个地区来说，沙漠、森林、江河海洋等吸收太阳光照的程度也各不相同。吸收

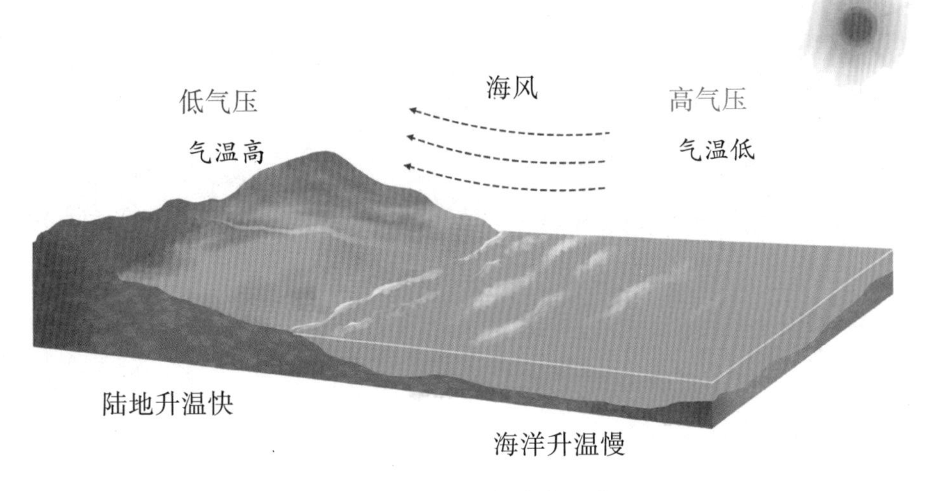

◆海风（日间）的形成原理图

热量多的地方，近地面的空气温度会比较高，而吸收热量少的地方，近地面的空气温度比较低。暖而稀疏、含水汽多的空气压力较小，人们叫它低气压；冷而密的空气压力较大，人们叫它高气压。空气的流动也像江河里的水一样，总是从高处流向低处，当空气从高气压流向低气压时，风便形成了。

从科学的角度来看，风一般指空气的水平运动分量，即我们常说的风向和风速。不过，对于航空飞行来说，风还包括垂直运动分量，即所谓垂直或升降气流。

四季风的特征

“解落三秋叶，能开二月花”，这两句诗是从季节角度写风。下面，咱们一起来了解一下四季风的特征。

先说说春风。除了李峤写的“能开二月花”外，春风还能吹生草木、萌发新叶，如唐代白居易写小草“野火烧不尽，春风吹又生”，贺知章写柳树“不知细叶谁裁出，二月春风似剪刀”，宋代王安石写“春风又绿江南岸，明月何时照我还”等等，都说明春天的风温暖而充满生机，当它吹拂大地的时候，便会给世间万物带来希望，带来蓬勃的生机和活力。

与春风相比，夏风就显得火辣多了，因为夏季烈日炎炎，酷暑难当，所以风也带有一股火热的气息。唐代元稹在《表夏十首》中写道：“夏风多暖暖，树木有繁阴。”意思是说，夏天的风大多是温热的，只有到树下才会感到阴凉。明代高启在《打麦词》中写道：“雉雏高飞夏风暖，行割黄云随手断。”意思是说，小鸟高飞，夏天的风很炎热，麦田就像一朵朵黄色的云，麦秆因为干而脆，（打麦人）随手就能折断麦穗。

秋季，随着天气越来越冷，气温逐渐降低，风也日渐凄厉起来，它就像一把锋利的镰刀，将变黄的树叶唰唰地刮落下来。李峤写的“解落三秋叶”正是这一情景的写照。此外，还有不少描写秋风的诗句，如汉武帝刘彻的“秋风起兮白云飞，草木黄落兮雁南归”，三国曹丕的“秋风萧瑟天气凉，草木摇落露为霜”等，都形象地写出了秋风扫落叶的情景。

冬季的风十分寒冷，因为大都是从北方刮来，所以又被称为北风。北风时常与雪花相伴，更增添了冬的冷酷严寒。唐代李白的“北风雨雪恨难裁”，高适的“北风吹雁雪纷纷”，以及宋代陆游的“北风吹雪四更初”等诗句，可以说都是写冬风的典范之作。

风力大小

“过江千尺浪，入竹万竿斜”，这两句诗主要写风力及风产生的影响。

早在一千多年前的唐代，人们便能根据风吹大树的情形来估计和确定风的等级，科学家李淳风在他所著的《观象玩占》中这样记载：动叶十里，鸣条百里，摇枝二百里，落叶三百里，折小枝四百里，折大枝五百里，走石千里，拔大根三千里。“动叶十里”意思是树叶轻轻摇动，风速就是日行十里。为了便于人们使用，李淳风还将其归纳成“一级动叶，二级鸣条，三级摇枝，四级坠叶，五级折小枝，六级折大枝，七级折

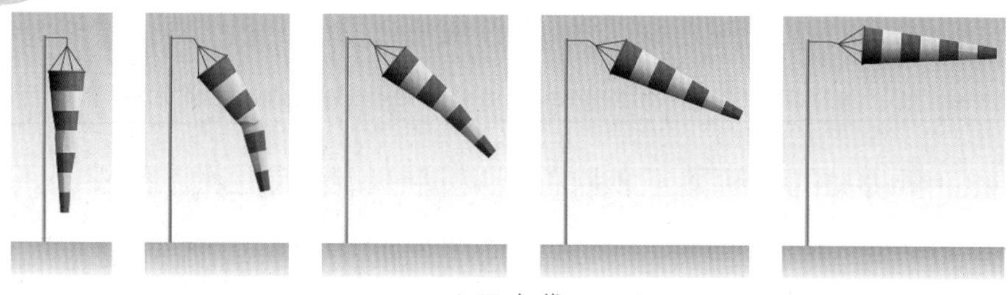

◆风向袋

木、飞沙石，八级拔大树及根”。这可以说是世界上最早的风力等级划分了。

其后的几百年间，世界各国对风力的标准逐渐统一。我国现在采用的是13级的风级标准，为了便于记忆，气象专家将其编成了歌谣：

零级无风炊烟上，一级软风烟稍斜，二级轻风树叶响，
三级微风树枝晃，四级和风灰尘起，五级清风水起波，
六级强风大树摇，七级疾风步难行，八级大风树枝折，
九级烈风烟囱毁，十级狂风树根拔，十一级暴风陆罕见，
十二级飓风浪滔天。

对照上面的歌谣，我们不难得出结论：“入竹万竿斜”的风力是6级，这种风被称为强风，它能让大树摇动起来，自然也就能“入竹万竿斜”了；“过江千尺浪”的风力则是可怕的12级，这种风叫台风（也叫飓风），它能卷起滔天大浪，给人类带来可怕的灾难。

大风的威力

那么，有没有 12 级以上的大风呢？答案是肯定的。比如台风的风力就超过了 12 级，气象专家专门为它量身定做了标准：一般台风，最大风力 12~13 级，风速 32.7~41.4 米 / 秒；强台风，最大风力 14~15 级，风速 41.5~50.9 米 / 秒；超强台风，最大风力不低于 16 级，风速不低于 51.0 米 / 秒。

从这个标准可以看出，超强台风的风速不低于 51.0 米 / 秒，它出现时是一种什么样的景象呢？超强台风所到之处房屋将会夷为平地，在海上能掀起高 14 米以上的巨浪，形成漫天飞沫，景象十分恐怖，而在陆地上则会造成巨大灾难，所幸的是，超强台风在陆地很少见（因为台风一旦登陆，强度就会大大减弱）。

台风的风力很可怕，但龙卷风更厉害，它的风速可达

◆龙卷风

100~175 米 / 秒，是强台风的数倍，而最顶级的龙卷风，最大风速高达 200~300 米 / 秒，可以把房屋完全摧毁，汽车刮飞，路面上的沥青也会被刮走，使货车、火车、列车全部脱离地面，龙卷风所过之处一片狼藉。

如何防范大风灾害？

一是时常留意天气预报，做好防风准备；二是减少出行，及时加固门窗、围挡等易被风吹动的搭建物；三是在室外遭遇大风时，不要在高大建筑物、广告牌或大树下停留；四是在施工工地附近行走时尽量远离工地并快速通过，谨防空中飞物伤人；五是大风天气出行最好不要骑车。